Matemática

Educación Secundaria Básica **1**   Educación General Básica **7**

CARLOS ZIGNEGO
DANIEL DOMÍNGUEZ
MA. SOLEDAD SUARES CHRISTIANSEN
COORDINADOR: JULIO VECCHIETTI

longseller
EDUCACIÓN

Coordinación editorial: Beatriz Grinberg

Colaboración editorial: Virginia Pisano

Lectura crítica: Verónica Riopedre

Coordinación División Arte: Andrés Mendilaharzu

Diseño de tapa e interiores: Ma. Constanza Gibaut

Diagramación: Laura Pessagno / Yésica Vázquez

Ilustración de tapa: Andrés Mendilaharzu

Ilustraciones: Gio (Jorge Fornieles)

Corrección: Estela Arias

Longseller S.A.

Showroom: Avenida San Juan 777

(C1147AAF) C. A. B. A., República Argentina

E-mail: promocion@longseller.com.ar

Administración y ventas: Costa Rica 5238, (B1615GKT) Grand

Bourg, Malvinas Argentinas, Bs. As., República Argentina

E-mail: ventas@longseller.com.ar

www.longseller.com.ar

Zignego, Carlos

Matemática 1 ESB - 7 EGB / Carlos Zignego; Daniel Alberto
Domínguez; María Soledad Suares Christiansen - 1a ed. -
Buenos Aires: Longseller, 2008. 192 p. ; 28x20 cm.

1. Matemática-Educación. I. Domínguez, Daniel Alberto II.
Suares Christiansen, María Soledad III. Fornieles, Jorge, ilus.
CDD 510.071 2

Cómo es Matemática 1° ESB / 7° EGB

Concentrados en la lectura

Una puerta de entrada al capítulo con un enigma, un juego o una curiosidad, que abre espacios para las primeras reflexiones. Algunos cuestionamientos se podrán resolver con lo aprendido en el capítulo.

Recordando

Ejercicios y problemas para repasar y rescatar conocimientos previos, básicos y necesarios para los nuevos aprendizajes.

Para empezar a pensar

Problemas que invitan a reflexionar y discutir sobre posibles procedimientos para su resolución. Introducen los contenidos a trabajar.

Actividades de integración

Problemas y ejercicios para trabajar, relacionar y profundizar los conocimientos.

La teoría

Desarrollo y explicaciones de conceptos matemáticos.

Problemáticas

Desarrollo de actividades y ejercicios, que en su secuencia favorecen la construcción de los conocimientos matemáticos.

Autoevaluación

Un espacio al final del libro para evaluar los conocimientos de cada unidad.

Índice temático

3 II Diario Perfil II 23 DE JUNIO DE 2008

EL SIETE COMO NÚMERO PERFECTO

Los números y la historia del 7

• Siete son los pecados capitales, los días de la semana y los colores del arco iris, también lo son los mares de la Tierra.

En reiteradas ocasiones aparece el número 7, así como también en ejemplos de nuestra vida cotidiana.

Para muchas culturas el 7 aparece como un número perfecto.

Así lo demuestran las Siete Maravillas del Mundo, establecidas en la antigüedad por los griegos. Estas eran una serie de obras arquitectónicas, de las cuales una sola se mantiene en pie:

la Gran Pirámide de Giza en Egipto, construida en al año 2570 a. C. para ser la tumba del faraón Jufu.

Dicha lista se completaba con los Jardines Colgantes de Babilonia (construidos por orden del rey de Caldea en honor a su amada), el sepulcro de Mausolo (que se encontraba en el territorio de lo que hoy es Turquía), el templo de Diana, diosa de la fecundidad (también en Turquía), la Estatua de Zeus en Olimpia, el Coloso de Rodas en Grecia y el faro de Alejandría, que era una guía para los navegantes que llegaran a esta ciudad desde Egipto.

Adaptación

1. a) ¿Cuántos años hace que se construyó la pirámide de Giza en Egipto?

b) ¿Con qué cálculo matemático lo pudieron resolver?

c) En la actualidad, se han designado Siete Nuevas Maravillas. Averigüen cuáles son y qué criterios se utilizaron para seleccionarlas.

2. ¿De cuántas formas pueden escribir 120 como producto de tres números distintos? Tengan en cuenta que el producto 8 x 5 x 3 es el mismo que 5 x 3 x 8. Enumeren las posibilidades.

3. En un restaurante se consume en una semana el contenido de 21 cartones de 3 docenas de huevos cada uno. Si todos los días se usa la misma cantidad de huevos, ¿cuántos huevos se emplean por día?

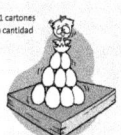

4. Una fábrica de gaseosas tiene que envasar 4650 litros de gaseosas en botellas de 2 o de 3 litros. ¿Cuántas botellas de 2 litros pueden llenar? ¿Y de 3 litros?

5. Por la compra de 50 CD de $ 21 cada uno, se hizo un descuento de $ 2 por unidad y se cobraron $ 10 por el envío de toda la compra. ¿Qué cálculo permite saber cuánto se pagó?

6. Con la calculadora pueden verificar que 408 : 17 es igual a 24. A partir de este resultado y haciendo cálculos mentales, indiquen el resultado de las siguientes operaciones:

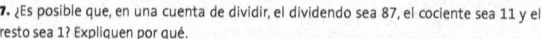

40.800 : 17 =

408 : 24 ≈

408 : 34 ≈

7. ¿Es posible que, en una cuenta de dividir, el dividendo sea 87, el cociente sea 11 y el resto sea 1? Expliquen por qué.

8. ¿Qué resultado obtienen si hacen 95 dividido 8 con la calculadora? ¿Cómo pueden hacer para obtener el resto de esa división con la calculadora?

9. Un automóvil consume 8 litros de combustible cada 100 km recorridos en ruta. Si recorre 1500 kilómetros, ¿cuántos litros de combustible gasta?

10. La suma de tres números es 12.735; los dos primeros suman 7.560, el segundo es 2.359. Calculen los tres números.
Comparen sus resultados. ¿Todos obtuvieron lo mismo?

11. Calculen la suma y la diferencia entre el mayor número de ocho cifras y el menor número de ocho cifras.

Al conjunto de los números naturales se lo simboliza con $\mathbb{N}$, y lo integran:
$$\mathbb{N} = \{1, 2, 3, 4, \ldots\}$$

Si se incluye el 0, debe indicarse:
$$\mathbb{N}_0 = \{0, 1, 2, 3, 4, \ldots\}$$

Propiedades de los números naturales

- Tienen un elemento que es el primero de todos, el 1 para $\mathbb{N}$ y el 0 para el $\mathbb{N}_0$.

- Para cada elemento n existe otro que es su consecutivo $n + 1$. Entre dos números naturales consecutivos no hay otro número natural, por esto es un conjunto discreto.

- Es un conjunto ordenado y con infinitos elementos.

- El conjunto de los números naturales se encuentra formado por números pares e impares, tales como el 2, 4, 6, 8, 10 y el 1, 3, 5, 7, 9 respectivamente.

12. María tiene que extraer dinero de su caja de ahorro y olvidó el número de identificación personal. Luego de mucho pensarlo, recordó que era de cuatro cifras distintas, que empezaba con ocho y que todas las cifras eran pares. ¿Cuántas claves tendrá que probar, como máximo, para encontrar la correcta?

Sistema de numeración decimal

Se lo llama decimal porque las unidades se agrupan de diez en diez. Diez unidades de un orden forman una unidad del orden inmediato superior.

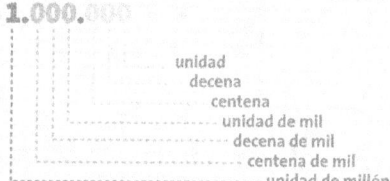

El sistema de numeración decimal es posicional y aditivo; cada signo toma el valor dependiendo de la posición que ocupa en el número, y los valores de cada signo se van sumando. 345 no es lo mismo que 543.

13. Con los dígitos 3, 4, 7 y 9, formen todos los números capicúas impares de cuatro cifras.

14. ¿Cuántos números de tres cifras distintas se pueden escribir con los dígitos 5, 2 y 0?

15. Determinen la cantidad de números de tres cifras que se puedan formar usando:

1, 2, 3 y 5 para las centenas.
4, 7, 8 para las decenas.
6 y 9 para las unidades.

¿Todos obtuvieron igual cantidad de posibilidades? Comparen las diferentes respuestas.

16. Pienso un número natural. Si lo multiplico por sí mismo y por 8, y después le sumo 10, me da un número menor que 300. En cambio, si lo multiplico por sí mismo y por 10, y después le sumo 8, me da un número mayor que 300. ¿Qué número pensé?

17. Estela gastó $ 12 en la librería; llevó cuadernos, lápices y gomas de borrar. Cada cuaderno cuesta $ 4. Cada lápiz cuesta $ 2 y cada goma de borrar, $ 1. ¿Cuántos artículos de cada clase pudo haber comprado? Den todas las respuestas posibles. ¿Pudo comprar una cantidad impar de todos los productos?

Propiedades de las operaciones
Adición y sustracción

Propiedad	Adición	Sustracción
Conmutativa		
		no se puede operar en los naturales
Asociativa	$8 + (3 + 2) = 13$	$(20 - 6) - 3 = 11$
	$(8 + 3) + 2 = 13$	$20 - (6 - 3) = 17$
0 como elemento neutro		
		no se puede operar en los naturales

La adición verifica las propiedades conmutativa y asociativa.
La sustracción no verifica las propiedades conmutativa y asociativa.

Multiplicación y división

Propiedad	Multiplicación	División
Conmutativa	$6 \times 3 = 27$ $3 \times 9 = 27$	$18 : 9 = 2$ $9 : 18$ no se puede operar en los naturales
Asociativa	$(5 \times 2) \times 4 = 40$ $5 \times (2 \times 4) = 40$	$(24 : 6) : 2 = 2$ $24 : (6 : 2) = 8$ **no se cumple**
0 como elemento absorbente	$7 \times 0 = 0$ $n \times 0 = 0$	$0 : 7 = 0$ siempre como dividendo $0 : n = 0$
1 como elemento neutro	$6 \times 1 = 6$ $n \times 1 = n$	$6 : 1 = 6$ solo como divisor $n : 1 = n$

La multiplicación verifica las propiedades conmutativa y asociativa.
La división no verifica las propiedades conmutativa y asociativa.

Cálculos combinados, prioridad de las operaciones

Al realizar un cálculo combinado, las operaciones se efectúan en el orden en que aparezcan, de izquierda a derecha, resolviendo:

- 1° las operaciones entre paréntesis.
- 2° las multiplicaciones y/o divisiones.
- 3° las sumas y/o restas.

$2 + 3 \times 5 - 1 =$	$(2 + 3) \times 5 - 1 =$	$2 + 3 \times (5 - 1) =$
$2 + 15 - 1 =$	$5 \times 5 - 1 =$	$2 + 3 \times 4 =$
$17 - 1 = 16$	$25 - 1 = 24$	$2 + 12 = 14$

18. Resuelvan en sus carpetas los siguientes cálculos combinados.

a) $12 + 5 \times 4 - 62 : 31 =$

b) $(12 + 5) \times 4 - 62 : 31 =$

c) $9 \times 7 + 2 \times 5 \times 13 - 2 \times 6 \times 11 =$

d) $6 \times (13 - 8) + 125 : 25 =$

e) $6 \times 13 - 8 + 125 : 25 =$

19. Coloquen paréntesis, si son necesarios, para que sean verdaderas las igualdades:

a) $9 + 6 \times 7 - 3 = 102$

b) $9 + 6 \times 7 - 3 = 48$

c) $9 + 6 \times 7 - 3 = 33$

Propiedad distributiva

El producto entre un número y la suma de dos o más números es igual a la suma de los productos de dichos números y cada uno de los sumandos.

$3 \times (9 + 4) =$ $3 \times (9 + 4) =$

$3 \times 13 = 39$ $3 \times 9 + 3 \times 4 =$

                                      $27 + 12 = 39$

También la cumple con respecto a la resta, compruébenlo:

a) $2 \times (8 - 3) =$

b) $(12 - 5) \times 4 =$

La división cumple la propiedad distributiva respecto de la suma y la resta, siempre que sea a la derecha.

$(27 + 9) : 3 =$ $(27 + 9) : 3 =$

$36 : 3 = 12$ $27 : 3 + 9 : 3 =$

                                  $9 + 3 = 12$

Compruébenlo para la división respecto de la resta:

$(27 - 9) : 3 =$

Comprueben que no se cumple a la izquierda:

$12 : (2 + 4) =$

20. Resuelvan aplicando la propiedad distributiva:

a) $11 \times (5 + 9) =$
b) $(12 - 4) : 2 =$
c) $(49 + 21 - 28) : 7 =$
d) $(8 + 12 - 5) \times 13 =$

21. Resuelvan:

$$+\begin{array}{r} 9326 \\ 3894 \end{array}$$

En relación a la suma realizada, reflexionen acerca de qué significan y por qué se utilizan las siguientes expresiones:
$6 + 4 = 10$, escribo un 0 y me llevo 1, y luego:
$2 + 9 = 11$, y 1 que me llevo 12 , escribo 2 y me llevo 1.

22. Multipliquen:

$$\begin{array}{r} 3489 \\ \times\ 657 \end{array}$$

Piensen por qué, al multiplicar por 5, dejan a la derecha un lugar en blanco y, al multiplicar por 6, dejan dos lugares.
¿Es lo mismo dejar un espacio o colocar un 0? ¿Por qué?

23. Resuelvan mentalmente los siguientes cálculos:

$480 \times 1000 =$ $300 : 3 =$

$1046 \times 100 =$ $600 : 3 =$

$75 \times 10 =$ $2000 : 2 =$

$427 \times 100 =$ $1300 : 13 =$

$15 \times 1000 =$ $2600 : 13 =$

$56.004 \times 10 =$ $250 : 25 =$

24. Usen las propiedades de manera tal que los siguientes cálculos se transformen en cuentas fáciles de resolver mentalmente.

$5 \times 25 \times 4 =$
$8872 : 8 =$
$250 \times 15 =$

Potenciación

25. En un juego de computadora, una nave gigantesca se dirige hacia un planeta enemigo. Para vencer al planeta son necesarios 1.000.000 de guerreros. A bordo de la nave hay un solo pasajero (uno en lugar de 1.000.000) que está seguro del éxito de la misión, ya que cada veinticuatro horas puede reproducirse convirtiéndose en dos seres iguales.

¿Cuántos días de viaje separan como mínimo a los dos planetas?

Para calcular la cantidad de pasajeros a bordo de la nave es necesario multiplicar tantos factores 2 como días hayan transcurrido.

Después de siete días, habrá:

$$2 \times 2 \times 2 \times 2 \times 2 \times 2 \times 2 = 128$$

Al producto que tiene todos sus factores iguales se lo denomina potencia.

$$\text{base } 2^{7} = 128 \text{ potencia}$$

exponente

En la calculadora usamos la tecla y^x o $\wedge$.

Utilicen la calculadora para verificar si, después de veinte días de viaje, habrá en la nave 1.048.576 pasajeros, con lo cual podrán derrotar a los habitantes del planeta enemigo.

Propiedades

Producto de potencias de igual base

$$5^3 \times 5^4 = 5 \times 5 \times 5 \times 5 \times 5 \times 5 \times 5 = 5^7 = 5^{3+4}$$

Al multiplicar potencias de igual base, se suman sus exponentes:

$$a^n \times a^m = a^{n+m}$$

Cociente de potencias de igual base

$$5^5 : 5^2 = \frac{5 \times 5 \times 5 \times 5 \times 5}{5 \times 5} = 5^3 = 5^{5-2}$$

Al dividir potencias de igual base, se restan sus exponentes:

$$a^n : a^m = a^{n-m}$$

Potencia de potencia

$$\left(5^3\right)^2 = 5^3 \times 5^3 = 5^{3+3} = 5^6$$

Al calcular la potencia de otra potencia, se multiplican los exponentes:

$$\left(a^n\right)^m = a^{n \times m}$$

Potencias especiales

$$5^1 = 5$$

Todo número elevado a la uno es igual a sí mismo:

$$a^1 = a$$

$$5^4 : 5^4 = 625 : 625 = 1 \qquad o \qquad 5^4 : 5^4 = 1 = 5^{4-4} = 5^0$$

Todo número elevado a la cero es igual a uno:

$$a^0 = 1$$

Propiedad distributiva

$$(5 \times 3)^2 = 5^2 \times 3^2$$
$$(10 : 2)^2 = 10^2 : 2^2$$

La potenciación es distributiva con respecto a la multiplicación y a la división.

26. Verifiquen que no se cumple para la suma y para la resta la propiedad distributiva.

Radicación

27. Dos amigos se encontraban en un velódromo cuadrado de 10.000 m² de área y discutían porque uno de ellos decía que con correr dos vueltas al velódromo completaría los 20 m que le faltaban para entrenarse. Su amigo decía que le faltaba mucho más. ¿Quién se equivocaba?

Para calcular cuánto mide el área del cuadrado que forma el velódromo, tendremos que elevar al cuadrado la medida del lado ℓ, A = ℓ^2, y para calcular el perímetro P = 4 x ℓ. La radicación es la operación inversa de la potenciación.

índice — **radical**
$$\sqrt{10.000} = 100 \text{ raíz}$$
radicando

¿Qué número elevado al cuadrado es 10.000?

$$\sqrt[2]{10.000} = 100 \text{ ya que } 100^2 = 10.000$$

- En la calculadora usamos la tecla $\sqrt{x}$
- En cada vuelta al velódromo se recorren 400 m.
- Para poder completar 20 km, que son 20.000 m, tiene que dar 50 vueltas.
- Con la radicación podemos hallar la base de distintas potencias: $\sqrt[2]{49} = 7$ ya que $7^2 = 49$.
- Cuando la raíz es cuadrada, puede no ponerse el índice: $\sqrt{49} = 7$.

Propiedad distributiva

$$\sqrt{9 \times 16} = \sqrt{9} \times \sqrt{16} = 3 \times 4 = 12$$

$$\sqrt{400 : 100} = \sqrt{400} : \sqrt{100} = 20 : 10 = 2$$

$$\sqrt{9 + 16} \neq \sqrt{9} + \sqrt{16} \text{ y } \sqrt{9 - 16} \neq \sqrt{9} - \sqrt{16}$$

La radicación es distributiva respecto de la multiplicación y la división, pero no lo es respecto de la suma y la resta.

—●—◎—◇——————————————————

28. Resuelvan:

a) El cuadrado del cubo de veintisiete.

b) El cubo de la raíz cuadrada de cuatro.

c) El cuadrado del cubo de cuatro.

d) La raíz cuadrada de la diferencia entre el cubo de cinco y el cuadrado de cinco.

e) $(10 + 1 - 4 : 2)^2$

Lenguaje coloquial y simbólico

29. Completen la siguiente tabla:

	3	4	10	3	n
El doble de	2	8	20	6	. n
El siguiente de					
El anterior de		3			
					. n
El cuadrado de			9		
El siguiente del doble de		21			
El doble del siguiente de		22			
La mitad de					
La cuarta parte de					

30. Relacionen con una flecha:

El doble de la suma de un número y nueve	$n + (n + 1)$
El duplo de un número menos cinco	$2 . z + 6$
La mitad de un número menos ocho	$y^2 + (y - 1)^2$
La suma de dos números enteros consecutivos	$2 . (x + 9)$
Al doble de mi edad le sumo seis	$[n + (n + 1) + (n + 2)]^2$
El cuadrado de la suma de tres números consecutivos	$2 . x - 5$
La suma de los cuadrados de un número y el anterior de este	$x : 2 - 8$

Ecuaciones:

31. Adivinanza:

- Piensen un número.
- Multiplíquenlo por 2.
- Al resultado agréguenle 5.
- Multipliquen lo obtenido por 5.
- Agreguen 75 al resultado.
- Multipliquen lo obtenido por 10.

Díganme lo que les dio y, rápidamente,
les digo el número que pensaron.
¿Podrían encontrar el truco utilizado para
adivinar el número inicial?

Si llamamos x al número inicial, podemos escribir en lenguaje simbólico cada paso de esta adivinanza:

x

$2x$

$2x + 5$

$5(2x + 5)$

$5(2x + 5) + 75$

$10[5(2x + 5) + 75]$

Aplicamos propiedades: $10[5(2x + 5) + 75] = 10[10x + 25 + 75] = 100x + 1000$

Si pensaron en el número 20:

$x = 20 \Rightarrow 100 . 20 + 1000 = 2000 + 1000 = 3000$

Si alguien dice que le dio 3000, se puede recuperar el valor inicial de $x = 20$ desarmando la operación: restando 1000 y dividiendo por 100 el resultado. Esto se reduce a una regla rápida de cálculo como **es restar un dígito a la cifra del millar y quitar los ceros a la cifra resultante.**

Si les da 1800, se quedan con 800, al que le quitan los dos ceros y obtienen el valor inicial 8. Lo que hicieron fue adivinar el número que pensaba nuestro amigo **desarmando** de forma inversa las operaciones que aparecen en el enunciado.

Por ejemplo, si les da 1800, tenemos la siguiente expresión: $100x + 1000 = 1800$

32. Verifiquen el cumplimiento del proceso de la adivinanza jugando con sus compañeros.

Este proceso puede esquematizarse así:

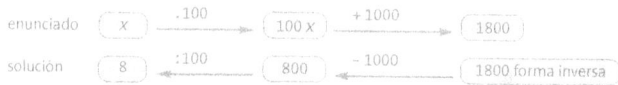

Luego, $x = 7$ es la solución de la expresión $100 x + 1000 = 1700$.

Cuando se utiliza el lenguaje simbólico para expresar una igualdad, y en la igualdad aparece un dato desconocido o incógnita, esa igualdad es una ecuación.
A las expresiones numéricas separadas por el signo igual se las denomina miembros.
Resolver una ecuación es hallar el valor de la incógnita.

Para resolver la ecuación se deben realizar las mismas operaciones en ambos miembros, para que no se altere la igualdad.

Esta propiedad se denomina uniforme.

$x + 7 = 25$
$x + 7 - 7 = 25 - 7$
$x = 18$
Se resta 7 en ambos miembros de la igualdad.

$3 . x + 1 = 16$
$3 . x + 1 - 1 = 16 - 1$
$3 . x = 15$
Se resta 1 en ambos miembros de la igualdad.

$3 . x : 3 = 15 : 3$
$x = 5$
Se dividen por 3 ambos miembros de la igualdad.

33. Resuelvan las siguientes ecuaciones:

a) $5 \cdot x + 14 = 34$

b) $7 \cdot x - 6 = 43$

c) $x : 4 + 13 = 24$

d) $12 \cdot x + 3 - x = 58$

e) $x : 3 - 6 = 0$

f) $63 = x : 4 - 9$

g) $39 = 9 \cdot x + 12$

h) $2 \cdot x + 3 \cdot x = 5 \cdot 2^3$

i) $5 \cdot x - 3 + 92 = 10^2 + 4$

j) $\sqrt{9 \cdot 16} = \sqrt{400 : 100} + x$

Lenguaje simbólico

34. Planteen la ecuación y resuelvan:

La suma de la mitad de un número y cinco es igual a la raíz cuadrada de ochenta y uno.

La diferencia entre el cuádruple de un número y uno es igual a la diferencia entre los cuadrados de ocho y de cinco.

La suma de dos números consecutivos pares es el séxtuplo de la raíz cuadrada de cuarenta y nueve.

La suma de tres números consecutivos es sesenta y seis, ¿cuál es el mayor de ellos?

El doble del siguiente de un número es igual a treinta y cuatro, ¿Cuál es el número?

35. Escriban el planteo para las siguientes ecuaciones en lenguaje coloquial y resuélvanlas.

$15 + 43 + x = 70$

$2x + 5 = 45$

$63 = x : 4 - 9$

36. Soledad tiene 8 remeras, 5 pantalones y 3 pares de calzado deportivo para entrenarse. ¿Entre cuántas indumentarias diferentes puede escoger para ir a su entrenamiento de hockey? Expliquen cómo lo resolvieron.

37. Fernando no recuerda la patente del auto que había alquilado en sus vacaciones en la playa. Con la ayuda de tres de sus amigos, lo quiere recordar. Él recuerda que tenía cuatro cifras, ninguna de ellas un 0. Otro sabe que las dos primeras eran iguales. Y su otro amigo, extrañamente, recuerda que el número era un cuadrado perfecto. ¿Podrían ayudarlo a encontrar el número?

38. Si al doble de un número le sacamos siete unidades, nos da por resultado el triple de 13. ¿Cuál es el número?

39. Calculen el número que, al dividirlo por cuatro y sumarle el doble de trece, da treinta.

40. Obtienen cuarenta y cuatro si al número x lo multiplican por cuatro y le restan el doble de doce. ¿Cuál es el valor de x?

41. Al doble de un número le agregan el triple de catorce y obtienen ochenta y ocho. ¿Qué número es?

42. La suma de tres números consecutivos es 81. ¿Cuáles son esos tres números?

43. Andrés compró un mp3 en cuotas. Pagó un anticipo de $ 40, además 6 cuotas de $ 28 y un pago final de $ 33.
a) Piensen dos formas posibles de plantear una operación para saber cuánto pagó en total.
b) Elijan una, y resuélvanla.

44. Resuelvan:

a) $2 \cdot X + 34 = 76$

b) $3 \cdot X - 12 = 45$

c) $X : 2 + 26 = 37$

d) $38 = 2 \cdot X - 8$

e) $X^2 - 57 = 24$

f) $7 \cdot X^2 - 23 = 229$

g) $12 + X + 9 = 6 \cdot 2 + 3 \cdot 8$

h) $5 \cdot X + 8 + 13 \cdot X = 260$

i) $5 + X : 6 = 9 \cdot 7 + 25 - 5 \cdot 5$

j) $(2 + 8) \cdot 5 - X = 32$

k) $8 \cdot (5 - 3) + 12 - X = 8$

l) $\sqrt{X} + 29 = 37$

45. Coloquen paréntesis, si son necesarios, para que sean verdaderas las siguientes igualdades:

a) $2 + 5 \cdot 4 - 2 + 1 = 19$

e) $7 + 6 \cdot 5 - 42 = 23$

b) $2 + 5 \cdot 4 - 2 + 1 = 21$

f) $87 - 26 + 9 \cdot 2 = 79$

c) $2 + 5 \cdot 4 - 2 + 1 = 27$

g) $400 : 20 - 80 : 4 = 0$

d) $2 + 5 \cdot 4 - 2 + 1 = 13$

h) $1345 + 2729 - 8000 : 2 = 74$

2 Divisibilidad

La conjetura de Goldbach.
Múltiplos y divisores.
Criterios de divisibilidad.
Números primos.
Números compuestos.
Factorización.
M.c.m y d.c.m.

La conjetura de Goldbach

Muchas veces les ha pasado, alguna vez, que se encontraron con una idea y no estaban seguros de que fuera cierta y se quedaron un rato pensándola. Lo maravilloso de esto es poder "entretener" en la cabeza de uno algún problema cuya solución sea incierta. Y darle vueltas, mirarlo desde distintos ángulos, dudar, empezar de nuevo.

En la historia de la ciencia, de las distintas ciencias, hay muchos ejemplos de situaciones como las que expuse en el párrafo anterior. En algunos casos, los problemas planteados pudieron resolverse sencillamente. En otros, las soluciones fueron mucho más difíciles, llevaron años, hasta siglos.

Así fue el caso de la conocida "Conjetura de Goldbach". El 7 de junio de 1742 (piensen entonces que ya pasaron 263 años), Christian Goldbach le escribió una carta a Leonhard Euler (uno de los más grandes matemáticos de todos los tiempos), sugiriéndole que pensara una demostración para la siguiente afirmación:

Todo número par positivo, mayor que dos, se puede escribir como la suma de dos números primos.

Adrián Paenza, *Matemática... ¿estás ahí?*, Siglo veintiuno editores, 2005.

1. Teniendo en cuenta que hasta hoy se sabe que la conjetura es cierta:

a) ¿Cómo la demostrarían ustedes hoy?

b) Prueben con varios números.

c) ¿Qué conocimientos matemáticos necesitan para resolverla?

2. Desarrollen la conjetura, luego de avanzar en este capítulo.

3. a) Propongan una cuenta de dividir que tenga divisor 15 y cociente 3.

b) ¿Hay una sola?

c) Encuentren todas las que puedan.

4. Calculen mentalmente.

a) 12300 : 10 =

b) 3500 x 100 =

c) 5100 : 100 =

d) 5000 x 5 =

e) 24000 x 10 =

f) 2500 : 5 =

5. Escriban un número que tenga solamente:

un divisor

dos divisores

tres divisores

cuatro divisores

6. Micaela compró un cajón de plantines de flores donde había 18 blancas, 12 rojas y 12 amarillas. Desea armar canteros, cada uno con igual cantidad de flores de cada color, sin que le sobre ninguna.

a) ¿Cuántos canteros puede armar? Resuélvanlo gráfica y numéricamente.

b) ¿Todos lo hicieron igual? Comparen los procedimientos.

7. Descubran en cada caso el número intruso y justifiquen por qué.

a) 10, 80, 100, 120, 108, 800

b) 7, 11, 19, 27, 31, 37

c) 4, 8, 16, 22, 24

8. Fabio no recuerda tres cifras distintas del celular 155049 abc de una amiga. Solo sabe que el número del celular es impar, múltiplo de 9 y que $a + b + c \leqslant 8$.

a) ¿Cuáles son los posibles valores de a, b y c?
b) Comparen sus resultados con los de sus compañeros. ¿Todos obtuvieron lo mismo?

9. Marquen la única opción correcta en cada afirmación.
a) El número cuyo divisor es 10 y cuyo resto es 5:

45   47   54   42

b) El número en el que la suma de todos sus divisores es igual al doble de su valor es:

48   28   42   8

c) El número que solo tiene dos divisores:

70   71   72

10. Para el Día del Estudiante, los chicos de secundaria quieren organizar un festejo recreativo diferente. Hay 160 alumnos en el turno mañana y 180 alumnos en el turno tarde. Los alumnos organizadores deben dividir a los estudiantes, respetando el turno al que pertenecen, en grupos de igual número de integrantes y según las siguientes condiciones:

a) Para jugar al fútbol mixto, equipos de 5 chicos/as.
¿Cuántos equipos se pueden formar en cada turno, si todos participan?

b) Para jugar al vóley mixto, formando equipos de 10, en ambos turnos. ¿Cuántos equipos participan?

c) Para el juego final, los alumnos del turno tarde se enfrentarán a los del turno mañana. ¿Cuál es el mayor número de integrantes que tiene cada equipo, sabiendo que todos deben tener el mismo número de alumnos?

Múltiplos y divisores

Al realizar una división de un número natural a por otro número natural b, obtenemos un cociente c y un resto r.

dividendo a | b divisor
resto r | c cociente

Una división es exacta cuando el resto es cero; entonces diremos que a es divisible por b cuando la división sea exacta.

12 es divisible por 3 ya que:

12 | 3
0 | 4

También podemos decir que 3 es divisor de 12 y que 12 es múltiplo de 3.

Asimismo, 12 es múltiplo de 3 y de 4 porque se puede expresar como producto, es decir, 3 x 4.

─◉─◎─◈─

11. Escriban, si es posible, cinco divisores de:

24:          140:

38:          41:

Múltiplo de a se simboliza å; es decir, 7̇ indica múltiplo de 7.

12. Escriban cinco de cada número:

14̇:   2̇0:

9̇:   12̇2:

13. Resuelvan las multiplicaciones, pueden ayudarse con la calculadora:

5 x 17 =   14 x 5 =

5 x 35 =   5 x 24 =

5 x 19 =   123 x 5 =

21 x 5 =   29 x 5 =

¿Qué tienen en común todos los productos obtenidos?

14. Una de las respuestas es correcta, ¿pueden decir cuál es sin resolver la cuenta?

 12 x 5 — 64
— 62
— 60

5 x 321 — 1605
— 1604
— 1611

15. Rodeen con color las divisiones que dan resultados enteros.

314 : 5   125 : 5   350 : 5   973 : 5

1025 : 5   20.010 : 5   122 : 5

Criterios de divisibilidad

Son herramientas que sirven para saber si un número es divisible por otro economizando cálculos matemáticos.

16. A partir de las actividades **13, 14** y **15**, enuncien el criterio de divisibilidad por 5.

Un número es divisible por 5

17. a) Resuelvan las multiplicaciones, pueden ayudarse con la calculadora.

2 x 354 =   35 x 2 =
150 x 2 =   2 x 72 =
327 x 2 =   2 x 28 =
651 x 2 =

b) Señalen cuál de estas características tienen los números obtenidos:

son impares;
la cifra de las unidades es 3;
son pares.

18. Analizando la actividad **17**, enuncien el criterio de divisibilidad por 2.

Un número es divisible por 2

19. a) Los siguientes números son divisibles por 3, compruébenlo.

| 354 | 453 | 345 |
| 534 | 435 | 543 |

b) ¿Qué tienen en común estos números?

20. ¿Cuáles de los siguientes grupos de números son múltiplos de 3?

34	369	825	15	851
43	435	852	51	158
	639	528		518
	396	285		815
	963			581
	936			185

21. Analizando las actividades **19** y **20** enuncien el criterio de divisibilidad por 3:

Un número es divisible por 3...

22. Piensen qué sucede al multiplicar un número por 10 y enuncien el criterio de divisibilidad por 10.

Un número es divisible por 10...

23. ¿Y con el 100 y 1000 y 10.000 pasará lo mismo? Escriban los criterios para dichos números.

Otros criterios de divisibilidad

Un número es divisible por 4 cuando sus dos últimas cifras son múltiplos de 4.

9576 es divisible por **4**
porque **76** es múltiplo de **4**

Un número es divisible por 6 cuando es divisible por 2 y por 3.

3492 es divisible por 6
porque es par y
$3 + 4 + 9 + 2 = 18$ es múltiplo de 3 $18 = 6 \times 3$

Un número es divisible por 7 cuando, separando la cifra de la derecha, multiplicándola por dos y restando ese producto a lo que queda a la izquierda, se obtiene un múltiplo de 7.

175 es divisible por 7
$17 - 5 \times 2 = 17 - 10 = 7$ es múltiplo de 7

Un número es divisible por 8 cuando sus tres últimas cifras son ceros o forman múltiplo de 8.

7808 es divisible por 8
5000 es divisible por 8

Un número es divisible por 9 cuando la suma de sus cifras es múltiplo de 9.

4374 es divisible por 9
$4 + 3 + 7 + 4 = 18$ es múltiplo de 9 $18 = 9 \times 2$

Un número es divisible por 11 cuando, restando la suma de las cifras que ocupan lugar impar y la suma de las que ocupan lugar par, da cero u once.

11.979 es divisible por 11
$(1 + 9 + 9) - (1 + 7) = 19 - 8 = 11$

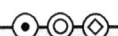

24. Utilizando los criterios aprendidos, identifiquen entre los siguientes números: $\dot 2, \dot 3, \dot 4, \dot 5, \dot 6, \dot 7, \dot 8, \dot 9, \dot{10}$ y $\dot{11}$.

462	280	5544	31	120
63	34	73	198	2100

○—◎—◇

a) ¿Cuántos de los números anteriores son $\dot{3}$? ¿Y $\dot{5}$? ¿Y $\dot{7}$?

b) ¿Algún número quedó sin señalar? ¿Cuál?

25. Juan pensó un número y dijo:
"Si divido el número que pensé por 7, el resto da 3".
a) ¿Es múltiplo de 7 el número que Juan pensó?
b) ¿Cuánto se le debe sumar al número de Juan para obtener un múltiplo de 7?
c) Den tres posibilidades para el número pensado.

26. ¿Cuál es el menor número que se le debe restar a 7549 para que sea divisible por los siguientes números? Escriban el número obtenido en el recuadro correspondiente.

Por 2 [   ]   Por 3 [   ]   Por 5 [   ]

Por 6 [   ]   Por 9 [   ]   Por 11 [   ]

Números primos y números compuestos

Un número es primo si tiene solo dos divisores: el mismo número y el 1.
El 7 es primo, porque es divisible solamente por 1 y por 7.
Un número será compuesto si tiene más de dos divisores.
El 9 es compuesto, porque sus divisores son 9, 3, 1.
El 1 no es primo ni compuesto, ya que tiene un solo divisor.

Criba de Eratóstenes

Eratóstenes fue un matemático griego que vivió hacia fines del siglo III a. C. Ideó un método para hallar los números primos de la primera centena, "la criba de Eratóstenes" (la criba era un instrumento usado en esa época para limpiar de impurezas la semillas); en este caso, la criba la usaremos para separar los números primos del resto.

27. a) Procedan de la siguiente manera en el cuadro de números:

- Tachen el 1 por no ser primo.
- Encierren el 2 por ser primo y tachen todos los múltiplos de él.
- Realicen lo mismo con el 3 y sus múltiplos.
- Repitan este procedimiento con el 5 , el 7 y el 11.
- Encierren los números que no quedaron tachados y escríbanlos a la derecha de cada fila.

1	2	3	4	5	6	7	8	9	10
11	12	13	14	15	16	17	18	19	20
21	22	23	24	25	26	27	28	29	30
31	32	33	34	35	36	37	38	39	40
41	42	43	44	45	46	47	48	49	50
51	52	53	54	55	56	57	58	59	60
61	62	63	64	65	66	67	68	69	70
71	72	73	74	75	76	77	78	79	80
81	82	83	84	85	86	87	88	89	90
91	92	93	94	95	96	97	98	99	100

b) ¿Cuántos números les han quedado encerrados?

Esos números son los primos de la primera centena.

28. Indiquen si los siguientes números son primos o compuestos:

122   495

353   201

57   607

13   90

14   113

124   200

Tengan en cuenta que: para saber si un número es primo, pueden utilizar primero los criterios de divisibilidad; agotado este recurso, busquen la raíz cuadrada del número y divídanlo por todos los números primos menores/ iguales que la raíz obtenida.

¿101 es primo?

La $\sqrt{101}$ es aproximadamente 10,04.

Entonces dividimos 101 por los números primos menores o iguales a 10.

$101 : 2 = 50,5$ $101 : 3 = 33,\widehat{6}$ $101 : 5 = 20,2$ $101 : 7 = 14,4285...$

Como **no** es divisible por ninguno de ellos, decimos que **101 es primo**.

29. Usando el recurso anterior, verifiquen que 157, 103 y 251 son primos.

30. ¿Es cierto que todos los números de dos cifras que terminan en 9 son primos? ¿Por qué?

31. Expliquen por qué 103 es primo y 130 no lo es, aunque esté formado por los mismos dígitos.

32. Escriban cinco números de cuatro cifras que sean divisibles por 3, 2 y 5.

33. ¿Con 41 jugadores de fútbol se pueden hacer grupos de igual cantidad de integrantes? ¿Por qué?

Factorización de números naturales

Un número compuesto puede factorizarse, es decir que se puede descomponer en factores primos.

Ejemplos: $12 = 2 \times 2 \times 3 = 2^2 \times 3$

$21 = 7 \times 3$

$36 = 3^2 \times 2^2$

Para factorizar un número se puede utilizar una de las siguientes formas:

a) Factoreo: a la derecha se escriben los divisores primos y a la izquierda, los resultados de las divisiones.

b) Árbol de factores.

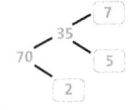

$$\begin{array}{r|l} 70 & 2 \\ 35 & 7 \\ 5 & 5 \\ 1 & \end{array}$$

$70 = 2 \times 5 \times 7$

34. Factoricen en sus carpetas los siguientes números.

a) 720   b) 175   c) 432   d) 117   e) 378

f) 3528   g) 2025   h) 198   i) 800   j) 207

35. Observen la factorización de 720 y de 175.

a) ¿Qué factores comunes tienen?

b) ¿Qué factores no comunes hay?

36. Bautista, Francisco y Juana dicen que factorizaron el número 60 de diferentes maneras. Desarrollen los posibles procedimientos para verificar si esto es cierto. ¿Llegan todos al mismo resultado?

37. Natalia contó pelotitas de tenis que había en el armario del club. Primero las contó de 4 en 4 y no sobró ninguna. Luego, para asegurarse de que las había contado bien, volvió a hacerlo, pero esta vez contándolas de 6 en 6, sin que tampoco sobrara ninguna. Si se sabe que había entre 70 y 80 pelotitas, ¿cuántas contó Natalia?

Múltiplo común menor (m.c.m) y divisor común mayor (d.c.m)

38. Daniel va de compras al supermercado cada 5 días; María, cada 3 días y Pablo, cada 6 días. El 1° de marzo se encontraron los tres haciendo las compras.

a) ¿Cuándo volverán los tres a encontrarse en el supermercado?

Daniel irá al supermercado a los:

5   10   15   ▢   25   30   ▢   ▢   ▢   50 días

Pablo irá al supermercado a los:

6   12   ▢   24   ▢   36   42   ▢   54 días

María irá al supermercado a los:

3   ▢   ▢   12   15   ▢   21   ▢   ▢   30   33   ▢   días

Los tres volverán a encontrarse en el supermercado a los _____ días, es decir, el _____ de marzo.

b) ¿Cuándo se encontrarán nuevamente? ¿Y en el mes de abril?

En la actividad anterior trabajamos con los múltiplos de 3, 5 y 6. Observen que el número de días que transcurrirán hasta que los tres amigos se encuentren es el menor de los múltiplos comunes, es decir que el m.c.m (3, 5 y 6) = 30.

Otra manera de hallar el m.c.m es factorizando los números y multiplicando los factores comunes y no comunes al mayor exponente.

Por ejemplo, para hallar el m.c.m de 60, 126 y 54:

$$60 = 2^2 \times 3 \times 5 \qquad 126 = 2 \times 3^2 \times 7 \qquad 54 = 2 \times 3^3$$

m.c.m (60, 126 y 54) = $2^2 \times 3^3 \times 5 \times 7 = 4 \times 27 \times 5 \times 7 = 3780$

39. Calculen el m.c.m de :

a) 105 y 155

b) 65, 15 y 50

c) 70, 60 y 50

d) 24 y 175

40. En una ruta hay carteles indicadores de distancias a localidades próximas cada 12 km y teléfonos para emergencias cada 5 km. En el km 22 se colocaron ambos. ¿En qué kilómetro volverán a coincidir?

41. Un corredor tarda 120 segundos en recorrer una pista y otro tarda 108 segundos. Si salen juntos, ¿cuánto tardarán en volver a coincidir?

42. Relean el problema de la sección **PARA EMPEZAR A PENSAR.**

Para el juego final, los 180 alumnos del turno tarde se enfrentarán a los 160 del turno mañana. Y la pregunta era: ¿Cuál es el mayor número de integrantes que tiene cada e-quipo, sabiendo que todos deben tener el mismo número de alumnos? Los siguientes pasos pueden ofrecer un camino de resolución.

a) Completen las tablas:

Para los 180 alumnos del turno tarde.

Cantidad de grupos	2	4	5	6	9	12	18	20	30
Cantidad de alumnos	90	60			20	18	15	12	9	6	3

Para los 160 alumnos del turno mañana.

Cantidad de grupos	2	4	5	8	10		40
Cantidad de alumnos		40		20	16	10	8	5	4

En los dos turnos pueden formarse equipos de 2, 4, 5, 10 y 20 alumnos.

b) El mayor número de integrantes por equipo es _____ alumnos.
Los números 2, 4, 5, 10 y 20 son los divisores comunes de 160 y de 180.

El 20 es el mayor de todos, por eso decimos que el d.c.m (160 y 180) = 20.

Otra forma de hallar el **d.c.m** es factorizando los números y multiplicando solo los facto-res comunes al menor exponente. Para hallar el d.c.m de 180 y 160:

180	2		160	2
90	2		80	2
45	4		40	2
9	3		20	2
3	3		10	2
1			5	5
			1	

m.c.m (160 y 180) = 2³ . 5
m.c.m (160 y 180) = 4 . 5
m.c.m (160 y 180) = 20

$180 = 2^2 \times 5 \times 3^2$ $160 = 2^5 \times 5$

43. Calculen el d.c.m de:

a) 252 y 72   b) 150 y 216   c) 110, 60 y 40   d) 36 y 245

44. El único divisor común entre los números 36 y 245 es el 1. Cuando ocurre esto se dice que **los números son coprimos**. Busquen otros pares de números que sean coprimos.

45. ¿Cuál de estas afirmaciones es verdadera y cuál no? Justifiquen en cada caso.
a) Cualquier número que sea divisible por 10 es también divisible por 2.
b) Todo número que termina en número par es múltiplo de 2.
c) Cualquier número de tres cifras que comienza y termina con 6 es divisible por 6.
d) Todo número que termina en número impar es múltiplo de 3.
e) Un número es divisible por 4 cuando la última cifra es 4.
f) El número 1 no es primo ni compuesto.

46. Completen en el cuadro el número menor que se debe restar a cada uno de los números de arriba para que sea divisible por los de la columna derecha.

	503	722	900	1451
2				
3				
5				
10				

47. Agustina y Emiliana salieron a caminar por el circuito del barrio. El hermano de Emiliana, también. Ellas tardan 5 minutos en dar la vuelta y el hermano tarda 3 minutos. Si los tres salieron al mismo tiempo, ¿cuánto va a pasar hasta que vuelvan a encontrarse en el inicio?

48. Daniel tiene 4 placas de madera, de forma rectangular, de 96 cm de ancho por 1,44 m de largo. Necesita cortarlas en cuadrados de la mayor superficie posible, sin desperdiciar.
a) ¿Cuál será la medida de los lados de los cuadrados?
b) ¿Cuántos cuadrados podrá cortar?

49. Respondan:

a) ¿Qué números tienen solamente dos divisores?

b) ¿La suma de dos números primos tiene por resultado otro número primo?

c) ¿El producto de dos números primos es un número primo?

50. ¿Cuál es el primer número primo después de 180?

51. Desarrollen un problema en el que tengan que encontrar múltiplos comunes y otro en el que necesiten utilizar los **criterios de divisibilidad**.

52. Hallen el m. c. m. de:

a) 25 y 230   b) 40, 50 y 60   c) 90 y 88

53. Juana tiene canutillos, 96 son de color violeta y 72 plateados. Quiere hacer pulseras de igual color, de manera que cada una tenga la misma cantidad de canutillos y que esta sea la mayor posible.

a) ¿Cuál será la cantidad de canutillos que podrá poner en cada pulsera?

b) ¿Cuántas podrá armar de cada color?

54. Graciela va a tomar el té al bar *Los angelitos* todas las tardes. Alejandra va al mismo bar tarde por medio; Juana, cada tres tardes y Susana, una vez por semana.

a) ¿Cada cuántos días se encuentran las cuatro amigas a tomar el té?

b) ¿Cada cuántos días se encuentran todas, menos Susana?

Números y operaciones

Fracciones y expresiones decimales

3

Leyenda "El hombre que calculaba".
¿Qué es una fracción?
¿Qué es un número racional?
Números mixtos.
Fracciones y números decimales.
Operaciones con fracciones.

La herencia

Según el diccionario, "heredar" es recibir bienes o acciones que alguien poseía antes de su muerte.

De acuerdo con la cultura, las creencias o las ideas de los diferentes pueblos a lo largo de la historia de la humanidad, las herencias se repartían o se daban de diversas maneras, generalmente siguiendo los deseos de cada hombre antes de su muerte.

Cuenta la leyenda de "El hombre que calculaba":

Un sultán dejó en herencia todos sus camellos a sus tres hijos disponiéndolos de la siguiente manera: el mayor debía recibir la mitad; el segundo, la tercera parte, y solo la novena parte de sus camellos, para el hijo menor.

Al momento de morir, al sultán le quedaban **35 camellos**, cantidad que no era divisible por dos, por tres, ni por nueve. Sin saber qué hacer para repartir, respetando los designios de su padre, los hijos del sultán pidieron ayuda a un mago. **Este ofreció regalarles su propio camello**, para que pudieran realizar el reparto. De este modo, el mayor recibió **18 camellos** (la mitad de 36), el siguiente recibió **12 camellos** (la tercera parte) y el menor de los hermanos, **cuatro camellos** (la novena parte). Como todavía sobraban dos, el mago recuperó su propio camello y salió ganando uno más.

1. ¿Para qué les parece que el mago regaló su camello?
2. ¿Podían hacer el reparto sin que les hubiesen dado ese camello? ¿Por qué?

3. En el siguiente rectángulo: ¿qué parte del total representa cada pieza?

A =   D =

B =   E =

C =

4. Pinten $\frac{5}{12}$ en cada una de las siguientes unidades.

5. ¿Qué fracción se representa en cada caso?

6. Me gasté primero la mitad de lo que llevaba y, después, la mitad de lo que me quedó. ¿Qué fracción del total me quedó?

7. Un coche recorre 50 km en tres cuartos de hora, y otro recorre 36 km en 27 minutos. ¿Cuál es más rápido?

8. Fabio dice: "Comí tres cuartos y luego dos cuartos de la pizza que hizo mamá anoche". Martín dice que mintió. ¿Por qué?

9. Unan con flechas cada expresión decimal con su correspondiente fracción:

$\frac{1}{2}$ 1,4

                                 1,25

$\frac{3}{4}$ 0,5

$\frac{7}{5}$ 0,75

10. Representen en una recta numérica los siete números del ejercicio anterior.

11. En el festival de Rock de Rosario, de los 90.000 asistentes, 30.000 estaban en las plateas populares, 15.000 en las plateas bajas y el resto en el campo.

a) ¿Qué fracción del total había en cada zona?

b) ¿Cuánto dinero se recaudó, si cada entrada en el campo salía $ 60, las plateas bajas $ 40 y las populares $ 20?

Resuelvan la situación problemática de a dos, teniendo en cuenta que el entero en este caso es el total de los asistentes al festival.

Esta situación problemática puede resolverse de diferentes maneras:

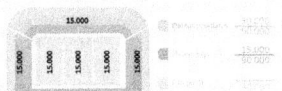

(*) Para obtener la fracción que representa la cantidad de personas que fueron al campo, deben calcular sobre el total de las personas que asistieron.

c) ¿Estas fracciones pueden escribirse de otra forma?

d) ¿Cómo resolverían el problema de la recaudación?

¿Qué es una fracción?

Las fracciones expresan partes de un todo:

$$\dfrac{A}{B} \quad \begin{matrix} \text{numerador} \\ \text{denominador} \end{matrix}$$

El numerador indica el número de partes que se considera del total.

El denominador indica el número de partes en que se ha dividido el total, debe ser distinto de 0.

Tanto numerador como denominador deben ser números naturales.

¿Qué es un número racional?

Un número es racional si puede escribirse en forma de fracción, es decir que puede representarse como el cociente de dos enteros, siendo el divisor distinto de 0.

Algunos racionales en la vida cotidiana:

- Esperé $\dfrac{1}{2}$ hora en el médico.
- Comí 2 barras de cereales.
- Usé 3 de los 5 rollos de cinta que compré.
- Mi alfajor favorito sale $ 1,75.

Al conjunto de los números racionales se lo designa con la letra Q.

Orden en Q

Para representar un número racional fraccionario en la recta numérica, se divide la unidad en tantas partes como indique el denominador de la fracción y se toman desde el cero tantas partes como indique el numerador.

En el ejemplo se representa el número $\dfrac{3}{5}$.

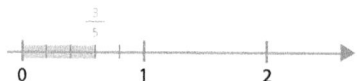

Decimos que el conjunto Q es denso, porque entre dos números racionales siempre encontraremos otro número racional. Recuerden que el conjunto de los números naturales es discreto.

12. Representen en la recta numérica $\frac{2}{5}, \frac{5}{2}, \frac{2}{3}, \frac{3}{7}$.

13. Escriban tres fracciones comprendidas entre $\frac{1}{4}$ y $\frac{4}{3}$.

14. Escriban seis números decimales entre los siguientes números:

2,5 y 2,6 _____

8,25 y 8,3 _____

5,05 y 5,06 _____

12,42 y 12,24 _____

15. Al aterrizar, un avión tenía $\frac{1}{5}$ del depósito de combustible lleno, y otro tenía $\frac{2}{9}$.

a) ¿Cuál de los dos aviones tenía más combustible, teniendo en cuenta que los tanques tienen la misma capacidad?

b) Representen cada una de las fracciones anteriores en dos rectas numéricas para su comparación.

16. Agustina y Francisco juegan al bowling. Francisco ha conseguido derribar $\frac{2}{5}$ del total de los bolos, y Agustina $\frac{3}{10}$.

a) ¿Quién de los dos ha derribado menos bolos?

b) Representen cada una de las fracciones anteriores en la recta numérica para su comparación.

Fracciones equivalentes

Para resolver los problemas anteriores, han tenido que comparar fracciones. Una forma simple de poder hacerlo es trabajando con fracciones equivalentes.

Las fracciones equivalentes son aquellas que se expresan de diferente forma, pero representan la misma parte de la unidad.

$\dfrac{5}{10}$ es equivalente a $\dfrac{1}{2}$ o $\dfrac{5}{10} = \dfrac{1}{2}$

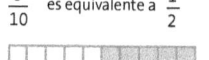

¿Cómo se obtienen fracciones equivalentes?

Para obtener una fracción equivalente a una dada, es suficiente con multiplicar o dividir (si es posible) el numerador y el denominador de la fracción por un mismo número.

$$\overset{\times 4}{\underset{\times 4}{\dfrac{7}{3} = \dfrac{28}{12}}} \qquad \overset{:2}{\underset{:2}{\dfrac{64}{24}}} = \overset{:2}{\underset{:2}{\dfrac{32}{12}}} = \overset{:2}{\underset{:2}{\dfrac{16}{6}}} = \dfrac{8}{3} \qquad \overset{\times 12}{\underset{\times 12}{\dfrac{3}{4} = \dfrac{36}{48}}} \overset{:2}{\underset{:2}{}} = \dfrac{18}{24}$$

17. Hallen fracciones equivalentes a:

$\dfrac{6}{8} = -$ $- = \dfrac{7}{13}$ $\dfrac{10}{8} = -$ $- = \dfrac{5}{2}$ $\dfrac{12}{15} = -$

18. Completen el numerador o el denominador según corresponda, para que las fracciones sean equivalentes.

$\dfrac{}{15} = \dfrac{21}{45}$ $\qquad\qquad$ $\dfrac{8}{12} = \dfrac{4}{}$ $\qquad\qquad$ $\dfrac{13}{14} = \dfrac{26}{42} = \dfrac{39}{}$

19. Comparen los siguientes pares de fracciones, colocando > o <, según corresponda.

$\dfrac{1}{3}$ $\dfrac{2}{5}$ $\qquad$ $\dfrac{9}{2}$ $\dfrac{10}{3}$ $\qquad$ $\dfrac{12}{15}$ $\dfrac{6}{5}$ $\qquad$ 1 $\dfrac{2}{3}$ $\qquad$ $\dfrac{7}{8}$ $\dfrac{8}{7}$

20. La siguiente tabla muestra qué parte del total de las entradas vendió cada uno de los chicos para el festival del colegio.

Laura: $\dfrac{1}{8}$ $\qquad\qquad$ Camila: $\dfrac{1}{4}$

Julieta: $\dfrac{1}{6}$ $\qquad\qquad$ Fabián: $\dfrac{4}{12}$

a) ¿Quién vendió menos cantidad de entradas?
b) ¿Quién vendió más?
c) Armen una lista con los chicos, desde el que vendió más hasta el que vendió menos. Pueden ayudarse con una recta numérica.

Fracciones irreducibles

Si multiplicamos el numerador y el denominador de la fracción por un mismo número, diremos que estamos amplificando la fracción; en cambio, si dividimos numerador y denominador por un mismo número, diremos que estamos simplificando la fracción. Si una fracción no puede simplificarse, diremos que es irreducible. Por lo tanto, el d. c. m (A; B) es igual a 1.

21. Hallen la fracción irreducible en cada caso:

$$\frac{12}{15} = \underline{\quad} \qquad \underline{\quad} = \frac{39}{85} \qquad \frac{21}{18} = \underline{\quad} \qquad \frac{28}{35} = \underline{\quad} \qquad \underline{\quad} = \frac{25}{50} \qquad \frac{4}{12} = \underline{\quad}$$

22. La familia Domínguez compró $1\frac{1}{4}$ kg de helado y la familia Suares compró $\frac{3}{4}$ kg de crema americana y $\frac{1}{2}$ kg de chocolate.

a) ¿Quién compró más?

b) Grafiquen cada una de las fracciones.

Números mixtos

Son aquellos que están formados por un número entero y una fracción menor que la unidad. $3\frac{1}{4}$ es un número mixto equivalente a $\frac{13}{4}$.

23. Encuentren la fracción equivalente de los siguientes números mixtos.

$2\frac{1}{7}$ es un número mixto y es equivalente a: cuya expresión decimal es

$5\frac{2}{3}$ es un número mixto y es equivalente a: cuya expresión decimal es

$5\frac{1}{9}$ es un número mixto y es equivalente a: cuya expresión decimal es

24. a) Encuentren el número mixto que les corresponde a:

$$\frac{12}{5} = \qquad \frac{5}{2} = \qquad \frac{9}{4} = \qquad = \frac{18}{7} \qquad = \frac{13}{7} \qquad = \frac{15}{2}$$

b) Verifiquen con la calculadora los resultados obtenidos.

Fracciones y números decimales

Los números racionales pueden expresarse como fracción o expresión decimal.

Una fracción puede expresarse como número decimal dividiendo el numerador sobre el denominador.

La expresión decimal puede ser exacta o periódica.

$\dfrac{1}{4} = 0,25$ expresión decimal

$\dfrac{2}{3} = 0,\widehat{6}$ expresión decimal periódica; se lee cero coma seis periódico.

$\dfrac{3}{5} = 0,6$ expresión decimal

$$\dfrac{321}{100} = 3,21 \qquad \dfrac{106}{33} = 3,\widehat{21} \qquad \dfrac{289}{90} = 3,2\widehat{1}$$

25. Escriban la expresión con coma de las siguientes fracciones:

$$\dfrac{15}{2} = \qquad \dfrac{7}{6} = \qquad \dfrac{8}{20} = \qquad \dfrac{4}{8} = \qquad \dfrac{6}{12} = \qquad \dfrac{17}{9} =$$

No todos los números con coma son racionales; por ejemplo, el número llamado π (pi) no lo es. Con él se trabaja mucho en geometría y se le asigna el valor 3,14, pero este no es su valor real. ¡Investíguenlo!

26. Escriban tres fracciones cuya expresión decimal sea periódica.

27. Escriban tres fracciones cuya expresión decimal sea exacta.

28. Ubiquen esos seis números en la recta numérica.

29. Ordenen las expresiones decimales en forma decreciente.

Operaciones con fracciones

30. Una botella tiene $\frac{3}{4}$ de litro de jugo de naranja, otra tiene $\frac{1}{4}$ de litro y una tercera tiene $1\frac{1}{4}$. ¿Qué cantidad de jugo de naranja tienen entre las tres botellas?

31. Verónica recorrió $\frac{2}{3}$ del trayecto caminando y $\frac{1}{5}$ en bicicleta. ¿Qué fracción del trayecto recorrió? ¿Qué fracción del trayecto le falta recorrer?

Suma y resta de fracciones

Para sumar o restar fracciones que tienen igual denominador, se suman o restan los numeradores, dejando el **denominador común** (siempre es conveniente simplificar el resultado obtenido).

$$\frac{5}{6}+\frac{2}{6}=\frac{7}{6} \qquad \frac{4}{9}-\frac{1}{9}=\frac{3}{9}=\frac{1}{3} \qquad \frac{8}{5}+\frac{7}{5}-\frac{4}{5}=\frac{11}{5}$$

Si las fracciones para sumar o restar tienen distinto denominador, se buscan fracciones equivalentes a las dadas, que tengan el mismo denominador, y luego se procede como en el caso anterior.

$$\frac{7}{5}+\frac{2}{3}=\frac{21}{15}+\frac{10}{15}=\frac{31}{15} \qquad\qquad \frac{8}{6}-\frac{2}{5}=\frac{40}{30}-\frac{12}{30}=\frac{28}{30}=\frac{14}{15}$$

32. Resuelvan:

a) $\frac{1}{3}+\frac{11}{3}=$

b) $\frac{3}{5}+1\frac{3}{4}-\frac{1}{4}=$

c) $1+\frac{5}{6}-\frac{1}{3}=$

d) $\frac{1}{12}+\frac{4}{6}-\frac{2}{4}=$

33. Cuatro amigos pidieron una pizza grande que dividieron en ocho porciones iguales. Lucas comió $\frac{3}{8}$ de la pizza; Diego, dos porciones; Eduardo, $\frac{1}{4}$ de la pizza y Carlos, $\frac{1}{8}$. ¿Qué parte de la pizza sobró?

34. Julieta compró un libro de historietas para leer en las vacaciones. El primer día leyó $\frac{1}{4}$ del libro; el segundo día, $\frac{1}{6}$ y el tercer día, la misma cantidad de la suma de los días anteriores. ¿Qué parte del total del libro leyó durante los tres primeros días? Si el libro tiene 120 páginas, ¿cuántas le faltan leer?

35. En una caja de alfajores, la mitad son de chocolate; la cuarta parte, de dulce; la sexta parte, de fruta y el resto, de nuez.
Si la caja tiene 48 alfajores de chocolate, ¿cuántos alfajores son de nuez?

Multiplicación de fracciones

La multiplicación de fracciones es muy simple, se multiplica el numerador de una por el numerador de la otra y el denominador de una por el denominador de la otra.

$$\frac{2}{5} \times \frac{3}{7} = \frac{6}{35} \qquad \frac{8}{9} \times \frac{2}{11} = \frac{16}{99} \qquad \frac{2}{3} \times \frac{6}{9} = \frac{12}{27} = \frac{4}{9}$$

Por ejemplo: Julio y Alejandro juntan todas sus figuritas. Tienen 64 en total, de las cuales $\frac{1}{4}$ es de autos y de estas, $\frac{3}{8}$ son las de Alejandro. ¿Cuántas figuritas de autos son de Alejandro?

$$\frac{1}{4} \text{ de } 64 = \frac{1}{4} . 64 = \frac{64}{4} = 16; \text{ entonces:}$$

$$\frac{3}{8} \text{ de } 16 = \frac{3}{8} . 16 = \frac{48}{8} = 6 \text{ Respuesta: 6 figuritas de autos son de Alejandro.}$$

36. Resuelvan:

a) $\frac{8}{3} \times \frac{5}{2} =$ 　　b) $\frac{4}{5} \times \frac{1}{3} =$ 　　c) $\frac{8}{9} \times 5 =$ 　　d) $2 \times \frac{4}{7} =$

37. Resuelvan en la carpeta gráfica y numéricamente:
a) ¿Cuántos octavos hay en dos cuartos?
b) ¿Cuántos décimos hay en un quinto?

38. ¿$\frac{1}{4}$ de un día corresponde a cuántas horas? ¿Y a cuántos minutos?

39. ¿Cuántos días duraron las vacaciones de Diego, si fueron de la siguiente manera: $\frac{1}{3}$ en Inglaterra, $\frac{2}{5}$ en Holanda, $\frac{2}{10}$ en España y 4 días en Suiza?

Inverso multiplicativo

Si tenemos una fracción $\frac{a}{b}$, diremos que su inverso multiplicativo es $\frac{b}{a}$, pues una fracción por su inverso multiplicativo siempre da 1.

El inverso multiplicativo de $\frac{2}{3}$ es $\frac{3}{2}$, pues $\frac{2}{3} \times \frac{3}{2} = \frac{6}{6} = 1$

División de fracciones

La división de fracciones puede realizarse de la siguiente forma: multiplicamos la primera fracción por el inverso multiplicativo de la segunda.

$$\frac{1}{5} : \frac{3}{4} = \frac{1}{5} \times \frac{4}{3} = \frac{4}{15} \qquad \frac{2}{7} : \frac{1}{6} = \frac{2}{7} \times 6 = \frac{12}{7}$$

40. Resuelvan:

a) $\frac{1}{4} : \frac{8}{3} =$ b) $\frac{7}{5} : \frac{3}{2} =$ c) $\frac{12}{4} : \frac{1}{6} =$ d) $\frac{4}{9} : 7 =$ e) $8 : \frac{1}{9} =$

41. ¿Cuántas botellas de $\frac{3}{4}$ litros de agua se pueden llenar con un bidón de 30 litros?

42. ¿Cuántas veces $\frac{2}{5}$ metros caben en 8 metros?

43. ¿Cuántas monedas de 10 centavos necesitamos para tener $ 23? Resuelvan en forma decimal y en forma fraccionaria.

44. Resuelvan las operaciones combinadas:

a) $\frac{2}{5} + \frac{1}{3} \times \frac{3}{4} =$ b) $\left(\frac{2}{5} + \frac{1}{3}\right) \times \frac{3}{4} =$ c) $\frac{6}{7} : \frac{3}{5} - 2 \times \frac{4}{7} =$ d) $\frac{1}{5} + 3 \times \frac{2}{9} - \frac{4}{5} =$

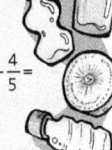

Potenciación de fracciones

Vamos a calcular $\left(\frac{2}{5}\right)^3$; por definición de potenciación, será: $\left(\frac{2}{5}\right)^3 = \frac{2}{5} \times \frac{2}{5} \times \frac{2}{5} = \frac{2 \times 2 \times 2}{5 \times 5 \times 5} = \frac{8}{125}$

Y también podríamos expresarlo así: $\left(\frac{2}{5}\right)^3 = \frac{2^3}{5^3} = \frac{8}{125}$

Análogamente: $1,5^2 = 1,5 \times 1,5 = 2,25$ ó $1,5^2 = \left(\frac{15}{10}\right)^2 = \frac{225}{100}$

Para elevar una fracción a cualquier exponente, se elevan el numerador y el denominador a dicho exponente.

45. Resuelvan:

a) $\left(\frac{7}{10}\right)^2 =$

e) $1,23^3 =$

b) $\left(\frac{5}{3}\right)^4 =$

f) $\left(\frac{3}{2}\right)^5 =$

c) $\left(\frac{4}{9}\right)^2 =$

g) $0,4^2 =$

d) $\left(\frac{1}{3}\right)^0 =$

h) $0,8^0 =$

Radicación de fracciones

Para calcular $\sqrt[3]{\frac{27}{125}}$; procedemos así: $\sqrt[3]{\frac{27}{125}} = \frac{\sqrt[3]{27}}{\sqrt[3]{125}} = \frac{3}{5}$

Análogamente: $\sqrt[3]{0,216} = \sqrt[3]{\frac{216}{1000}} = \frac{\sqrt[3]{216}}{\sqrt[3]{1000}} = \frac{6}{10} = 0,6$

Para calcular la raíz de una fracción, se extrae la raíz del numerador y del denominador.

46. Resuelvan:

a) $\sqrt{\frac{25}{81}} =$

b) $\sqrt[3]{\frac{64}{27}} =$

c) $\sqrt[5]{\frac{32}{243}} =$

d) $\sqrt{0,36} =$

e) $\sqrt[4]{0,0625} =$

Propiedades

Estas propiedades pueden demostrarse en forma similar a la de los números naturales.

Producto de potencias de igual base

$$\left(\frac{a}{b}\right)^c \times \left(\frac{a}{b}\right)^d = \left(\frac{a}{b}\right)^{c+d} \quad \text{por ejemplo:} \quad \left(\frac{3}{4}\right)^5 \times \left(\frac{3}{4}\right)^7 = \left(\frac{3}{4}\right)^{12}$$

Cociente de potencias de igual base

$$\left(\frac{a}{b}\right)^c : \left(\frac{a}{b}\right)^d = \left(\frac{a}{b}\right)^{c-d} \quad \text{por ejemplo:} \quad \left(\frac{2}{7}\right)^6 : \left(\frac{2}{7}\right)^4 = \left(\frac{2}{7}\right)^2 = \frac{4}{49}$$

Potencia de potencia

$$\left(\left(\frac{a}{b}\right)^c\right)^d = \left(\frac{a}{b}\right)^{c \times d} \quad \text{por ejemplo:} \quad \left(\left(\frac{3}{5}\right)^2\right)^4 = \left(\frac{3}{5}\right)^8$$

Propiedad distributiva

Esta propiedad se cumple para la potenciación y la radicación respecto de la división y de la multiplicación.

$$\left(\frac{a}{b} \times \frac{c}{d}\right)^e = \left(\frac{a}{b}\right)^e \times \left(\frac{c}{d}\right)^e \qquad \text{por ejemplo} \qquad \left(\frac{1}{4} \times \frac{5}{3}\right)^2 = \left(\frac{1}{4}\right)^2 \times \left(\frac{5}{3}\right)^2$$

$$\left(\frac{5}{12}\right)^2 = \frac{1}{16} \times \frac{25}{9}$$

$$\frac{25}{144} = \frac{25}{144}$$

$$\left(\frac{a}{b} : \frac{c}{d}\right)^e = \left(\frac{a}{b}\right)^e : \left(\frac{c}{d}\right)^e \qquad \text{Escriban un ejemplo que lo verifique.}$$

La propiedad distributiva de la potenciación y de la radicación, no se cumple para la suma ni para la resta. Compruébenlo.

47. Resuelvan en la carpeta aplicando propiedades:

a) $\left(\frac{2}{5}\right)^4 : \left(\frac{2}{5}\right)^2 =$

b) $\left(\left(\frac{2}{9}\right)^5\right)^6 : \left(\frac{2}{9}\right)^{27} =$

c) $\left[\left(\frac{1}{6}\right)^4 \times \left(\frac{1}{6}\right)^3\right] : \left[\left(\frac{1}{6}\right) \times \left(\frac{1}{6}\right)^5\right] =$

48. Al salir de compras, Juana gastó un cuarto del dinero que llevaba en la verdulería y dos tercios en la carnicería. Si al regresar a su casa aún le quedaban $ 4, ¿cuánto dinero tenía Juana al salir de su casa?

Ecuaciones

Para resolver ecuaciones en Q, procedemos de igual forma que con las ecuaciones en IN; observen los ejemplos:

$$\frac{5}{4} \cdot x + 12 = 2^5$$

$$\frac{5}{4} \cdot x + 12 = 32$$

$$\frac{5}{4} \cdot x = 32 - 12$$

$$\frac{5}{4} \cdot x = 20$$

$$x = 20 : \frac{5}{4}$$

$$x = 16$$

$$\frac{2}{5} \cdot x^2 = \frac{13}{20} + \frac{1}{4}$$

$$\frac{2}{5} \cdot x^2 = \frac{9}{10}$$

$$x^2 = \frac{9}{10} : \frac{2}{5}$$

$$x^2 = \frac{9}{4}$$

$$x = \sqrt{\frac{9}{4}}$$

$$x = \frac{3}{2}$$

49. Resuelvan en sus carpetas:

a) $\frac{1}{9} \cdot x + 2 = \frac{37}{18}$

b) $\frac{31}{5} = \frac{2}{7} \cdot x + \frac{1}{5}$

c) $\frac{1}{2} \cdot x + \frac{3}{4} \cdot x + 5 = 15$

d) $\frac{1}{8} + \frac{2}{5} \cdot x^2 = \frac{21}{8}$

50. Planteen y resuelvan cada uno de los siguientes problemas.

a) Si a las tres cuartas partes de un número le agregamos su mitad, obtenemos por resultado $\frac{1}{4}$. ¿Cuál es el número?

b) De un depósito lleno de combustible sacamos la tercera parte del total y luego dos séptimos del resto. ¿Cuánto combustible había en el depósito si aún se pueden extraer 168 litros?

c) En una biblioteca, los libros de poesía son 240, los de aventuras representan la tercera parte del total y las enciclopedias, las dos novenas partes. ¿Cuántos libros tiene la biblioteca?

Porcentaje

En una fiesta se sirvieron 200 platos de comida. Del total de los platos, 100 fueron de pizzetas, 27 de empanadas y 15 de saladitos. El resto fue de masas finas y torta.
¿Qué porcentaje de los platos servidos fue de pizzetas?
Se sirvieron 200 platos, y de estos, 100 fueron de pizzetas, por lo tanto,

$\dfrac{100}{200}$ representa la parte de los platos que son de pizzetas

$$\dfrac{100}{200} = \dfrac{1}{2} = 0{,}50 = \dfrac{50}{100} \text{ que se escribe: } 50\%$$

Podemos nombrar lo servido de tres maneras distintas:
- La mitad de los platos servidos fue de pizzetas.
- Uno de cada dos platos servidos fue de pizzetas.
- 50 de cada 100 platos servidos fueron de pizzetas.
O sea que el 50% de los platos servidos fue de pizzetas.

¿Qué porcentaje de los platos servidos fue de empanadas?

$$\dfrac{27}{200} = 0{,}135 \qquad \dfrac{13{,}5}{100} = 13{,}5\%$$

- 27 de 200 platos fueron de empanadas.
- 13,5 de cada 100 platos servidos fue de empanadas.
- El 13,5% de los platos servidos fue de empanadas.

¿Qué porcentaje de los platos servidos fue de saladitos?

$$\dfrac{15}{200} = 0{,}075 = \dfrac{7{,}5}{100} = 7{,}5\,\%$$

- 15 de 200 platos fueron de saladitos.
- 7,5 de cada 100 platos servidos fue de saladitos.
- El 7,5% de los platos servidos fue de saladitos.

De la cantidad de pizzetas servidas, el 30% tenía aceitunas. ¿Qué cantidad de platos de pizzetas con aceitunas fue servida?

$$30\,\% \text{ de } 100 = \dfrac{30}{100} \text{ de } 100 = \dfrac{30}{100} \times 100 = 0{,}30 \times 100 = 30$$

30 de las pizzetas servidas tenían aceitunas.
¿Cuál sería el porcentaje de empanadas servidas respecto de los saladitos servidos?

$$\dfrac{27}{15} = 1{,}8 = \dfrac{180}{100} = 180\,\%$$

La cantidad de empanadas servidas respecto de los saladitos servidos es de 180%.

51. Completen la siguiente tabla:

Comida	Parte	Cantidad	Porcentaje (%)
Pizzetas			
Empanadas			
Saladitos			
Torta			10
Masas		38	
Total	1	200	100

52. Guillermo tenía $ 500 y se ha gastado el 40%. ¿Cuánto dinero le queda aún?

53. En una clase hay 18 chicas y 14 chicos. ¿Qué porcentaje del total representan las chicas?

54. En una ciudad viven 20.000 personas, 20% de los cuales son inmigrantes, 75% de los inmigrantes son jóvenes. ¿Qué porcentaje de la población representa a los inmigrantes jóvenes? ¿Cuántos son?

55. Un tren recorre un trayecto en tres etapas. En la primera recorre los $\frac{2}{5}$ camino total y en la segunda, el 36 % del total del trayecto. ¿Qué porcentaje recorre en la tercera etapa?

56. Por la compra de un pantalón pagué $ 96; si me hicieron un descuento del 20%, ¿cuál es el precio del pantalón sin descuento?

57. ¿Cuál es mayor $\dfrac{11}{12}$ o $\dfrac{12}{13}$? Justifíquenlo numérica o gráficamente.

58. Representen en una recta numérica las siguientes fracciones y números decimales (diferenciándolos con distintos colores).

$\dfrac{1}{4}$; $\dfrac{2}{3}$; $\dfrac{5}{4}$; $\dfrac{2}{4}$; $\dfrac{1}{2}$; 0,5; 1,2; 1,5; 0,10

59. Escriban fracciones comprendidas entre $\dfrac{1}{5}$ y $\dfrac{4}{5}$ con denominador 5 y con denominador 10. ¿Cuántas hay en cada caso?

con denominador 5	con denominador 10

60. Piensen sumas y restas de fracciones que den los siguientes resultados.

a) $+$ $= \dfrac{7}{4}$ b) $\dfrac{3}{8} =$ $+$ c) $-$ $= \dfrac{7}{3}$ d) $-$ $= \dfrac{2}{5}$

61. Martina gasta la mitad del dinero que le dan por semana en comida para el almuerzo. De lo que queda, ahorra las dos terceras partes y con el resto compra una entrada de cine de $ 7. ¿Cuánto dinero recibe Martina por semana?

62. Emilia dice que la expresión decimal de $\dfrac{1}{5}$ es 1,5. Su hermano Lautaro dice que está equivocada. ¿Quién tiene razón? ¿Cuál sería la expresión decimal correcta? Justifiquen el resultado.

63. Para una función de teatro, se vendieron $\dfrac{3}{8}$ de entradas el jueves y $\dfrac{1}{4}$ de entradas el viernes.
a) ¿Cuándo se vendieron más entradas?
b) ¿Cuánto falta para completar la sala, teniendo en cuenta las ventas del jueves y del viernes?

64. Se compraron 9 botellas de gaseosa de $2\dfrac{1}{4}$ litros y 3 de $1\dfrac{1}{2}$ litros. ¿Cuántos litros de gaseosa se compraron?

65. Relean multiplicación de fracciones y resuelvan los cálculos.

a) $\dfrac{3}{4} \times \dfrac{2}{5} =$ b) $\dfrac{1}{5} \times \dfrac{2}{6} =$ c) $\dfrac{1}{2} \times \dfrac{1}{4} =$ d) $\dfrac{2}{7} \times \dfrac{14}{5} \times 3 =$

66. ¿Cuánto valen los dos cuartos de un terreno que mide 10.000 m², a razón de $ 750 el m²?

67. Escriban verdadero o falso y justifiquen la respuesta.
a) El cuadrado de un cuarto es mayor que 0,20.
b) La raíz cuadrada de un noveno es menor que un tercio.
c) El cubo de un medio es mayor que un medio.
d) El cuadrado de un medio es menor que 0,45.

68. Escriban una situación problemática que se resuelva a través del siguiente cálculo:

$$3 \times \dfrac{1}{2} =$$

69. En un club hay 450 socios adultos. El 60% son varones y el resto, mujeres. ¿Cuántos varones y mujeres hay?

70. En un espectáculo al aire libre había presentes 360 personas, de las cuales $\dfrac{4}{5}$ eran niños y el 20% eran adultos. ¿Qué cantidad de adultos había en el espectáculo?

71. Se pintaron las paredes del frente del colegio en tres etapas; en la primera etapa, la mitad; en la segunda etapa, la quinta parte y en la tercera etapa, los últimos 12 m². Planteen una ecuación y encuentren los m² de las paredes del frente del colegio.

72. Coloquen los números: 3,2; $\dfrac{4}{5}$; 0,4; $\dfrac{14}{5}$; $\dfrac{30}{25}$; 3,6 de tal forma que, al sumar los números de cualquier fila, columna o de las dos diagonales, se obtenga el mismo resultado.

$\frac{8}{5}$		
	2	
		2,4

73. Vuelvan a **CONCENTRADOS EN LA LECTURA** e intenten resolver la actividad numéricamente con todo lo aprendido hasta ahora.

Introducción al Álgebra
y al estudio de las Funciones

4 Lectura, interpretación y construcción de gráficos y tablas

Análisis de mapas, guías y recorridos.
Ubicación de puntos mediante coordenadas
en el plano.
Análisis de informes, encuestas
y estadísticas.
Concepto de variable.

El ajedrez y la matemática

El juego de ajedrez se originó en la India hace unos dos mil años. Este representaba la guerra, tal como se practicaba antiguamente, y por esta razón sus piezas simbolizan los diferentes integrantes del ejército antiguo: los soldados a pie (peones), los oficiales (alfiles), la caballería (caballos), las torrecillas que transportaban los elefantes (torres), el rey y su primer ministro: la dama.

El objetivo del juego es la muerte o captura del rey. El movimiento de piezas que lo logra se llama "jaque mate", expresión que proviene de palabras árabes que significan "el rey ha sido capturado".

Este juego o deporte es entretenido, aguza el ingenio, el razonamiento, la memoria, y también ayuda a enfrentar problemas y a tomar decisiones en el acto. Su desafío radica en elegir qué jugada es más conveniente en cada caso.

El ajedrez se juega en un tablero que es un cuadrado perfecto, compuesto de 64 cuadraditos, 32 son blancos y 32 son de color negro.

Para conocer dicho tablero, se lo puede leer dividiendo en horizontales y verticales. Cada adversario domina 8 filas horizontales y 8 columnas verticales. Además, como referencia se toman las dos diagonales mayores, una de 8 casillas blancas y otra de 8 casillas negras. Otro aspecto importante de este juego es la posibilidad de realizar distintos movimientos con cada pieza, dando una idea del valor relativo de estas, en relación con las otras.

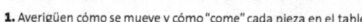

1. Averigüen cómo se mueve y cómo "come" cada pieza en el tablero.

2. Existe una manera de registrar las jugadas y el puntaje de cada jugador. ¿La conocen? Pregúntenles a jugadores experimentados que los puedan ayudar.

3. ¿Recuerdan en qué película de Harry Potter juegan una variedad del ajedrez? ¿Podrían describirla?

4. ¿Qué creen que significa en el ajedrez: blancas d4,Cf3, c4, Cc3, Ag5?

Banderas y mundiales de fútbol

La página final de un álbum de figuritas es para completar con las banderas de algunos países donde se realizaron mundiales de fútbol.

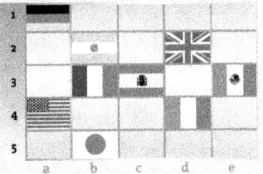

5. Completen en qué coordenadas se encuentra cada bandera, coloquen primero la letra y después el número.

- La bandera de Argentina está en: (,   )
- La bandera de Inglaterra está en: (,   )
- La bandera de Japón está en: (,   )
- La bandera de Francia está en: (,   )
- La bandera de Italia está en: (,   )
- La bandera de México está en: (,   )
- La bandera de Alemania está en: (,   )
- La bandera de EE.UU. está en: (,   )
- La bandera de España está en: (,   )

6. Lucas juega un partido de fútbol con sus amigos todos los sábados. Sale de su casa y tiene que esperar a sus amigos en la plaza del barrio. Luego de que se encuentran, van al club donde juegan el partido y vuelven a sus casas, pero antes se paran a tomar una gaseosa en el quiosco de la esquina.

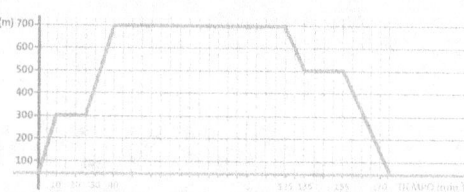

Observen el gráfico y contesten:

a) ¿Qué se representa en la semirrecta vertical y en la horizontal?

b) ¿Qué distancia hay entre la casa de Lucas y el club?

c) ¿Cuánto tiempo tienen que esperar para poder ir al partido?

d) ¿Cuánto dura el partido (según el tiempo que permanecen en el club)?

e) Si entran en el club a las 18, ¿dónde está Lucas a las 17.35, a las 18.45 y a las 20.15?

f) ¿Cuánto tardan en tomar la gaseosa?

g) Según el dato del ítem anterior, ¿a qué hora salió de su casa? ¿Y a qué hora volvió?

h) Cuándo Lucas sale de su casa, ¿va hacia la derecha o hacia la izquierda?

i) Piensen dos preguntas que se puedan contestar con la información del gráfico. Intercámbienlas entre ustedes.

j) Inventen otra historia a partir del mismo gráfico.

Representación de puntos en los ejes cartesianos

El gráfico del problema anterior está representado en un sistema de ejes cartesianos donde la semirrecta horizontal se llama eje de abscisas o eje x; la semirrecta vertical se llama eje de ordenadas o eje y. El punto donde se cortan ambas semirrectas se denomina origen de coordenadas.

En el eje x se representa la variable independiente en el eje y se representa la variable dependiente, sus valores dependen del valor de x.

Para representar un punto se debe determinar un valor en el eje de abscisas y otro en el eje de ordenadas, para indicarlo se utiliza un par ordenado en el cual el primer valor representa la abscisa y el segundo, la ordenada.

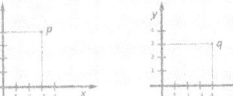

El punto p tiene por valor de abscisa 3 y valor de ordenada 4, por lo tanto $p = (3, 4)$.

El punto q tiene por valor de abscisa 4 y valor de ordenada 3, por lo tanto $q = (4, 3)$.

En general, se dice que un punto m cualquiera será siempre representado por sus dos coordenadas, es decir, $m = (x, y)$.

La distancia entre dos valores consecutivos de cada eje debe ser siempre la misma.

7. Representen los siguientes puntos en un sistema de ejes cartesianos:

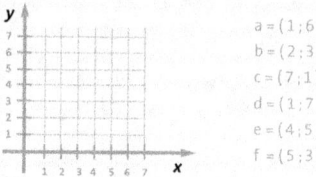

a = (1 ; 6)
b = (2 ; 3)
c = (7 ; 1)
d = (1 ; 7)
e = (4 ; 5)
f = (5 ; 3)

8. Indiquen las coordenadas de los puntos:

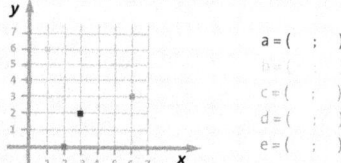

a = (;   )
b = (;   )
c = (;   )
d = (;   )
e = (;   )

9. Observen el siguiente gráfico y luego contesten:

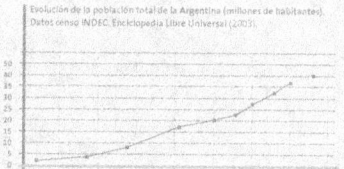

Evolución de la población total de la Argentina (millones de habitantes).
Datos censo INDEC. Enciclopedia Libre Universal (2003).

a) ¿Qué se representa en el eje de abscisas?

b) ¿Qué se representa en el eje de ordenadas?

c) ¿Qué cantidad de habitantes había aproximadamente en la República Argentina en:

1960:   1920:   1900:   2000:

d) ¿En qué año la población fue de 25 millones de habitantes?

e) ¿En algún momento la población dejó de crecer?

f) ¿El punto (1920 ; 20 millones) pertenece al gráfico?

10. Para un automóvil que se desplaza a velocidad constante de 100 km/h, completen la tabla y luego grafiquen:

Tiempo (horas)	1	2	2 y ½	4	5	5 y ½
Distancia recorrida (km)						

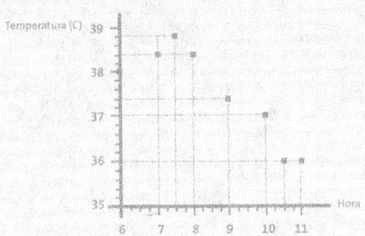

11. El siguiente gráfico representa la temperatura de un paciente en un lapso del día:

a) ¿Cuál es la variable dependiente? ¿Y la independiente?

b) ¿A qué hora la temperatura fue de 38,4 °C?

c) ¿A qué hora la temperatura fue máxima? ¿Cuál fue su valor?

d) ¿Cuál era la temperatura a las 8?

¿Quiénes juegan a la Play Station?

Según un estudio que la Entertainment Software Association hizo sobre los jugadores de videojuegos de EE. UU., estos son algunos de los datos:

28,8% tienen menos de 18 años.

47% tienen entre 18 y 49 años.

24,2% tienen más de 50 años.

(Fuente: "Revista Viva", diario Clarín 27/06/2008).

12. a) A partir de los datos planteados, construyan un gráfico en la carpeta que muestre los valores de cada rango de edad de los jugadores.

b) ¿Solo pueden hacerlo de una manera?

c) Conversen entre ustedes acerca de las diferentes posibilidades de representarlo.

13. A partir de la lectura del gráfico, respondan:

a) Mes con mayor cantidad de cumpleaños representados.

b) Mes en el que no hay cumpleaños para festejar.

c) Cantidad de cumpleaños que se festejan en el primer semestre del año.

d) Meses con igual cantidad de cumpleaños para festejar.

14. El gráfico que se presenta a continuación se denomina gráfico de barra, puede ofrecer mucha información. Luego de observarlo y analizarlo, respondan:

a) ¿Cuál es el producto más vendido?

b) ¿En qué año?

c) ¿Cuál era su costo?

d) ¿Cuánto tiempo transcurrió desde que se lanzó la primera consola hasta la última?

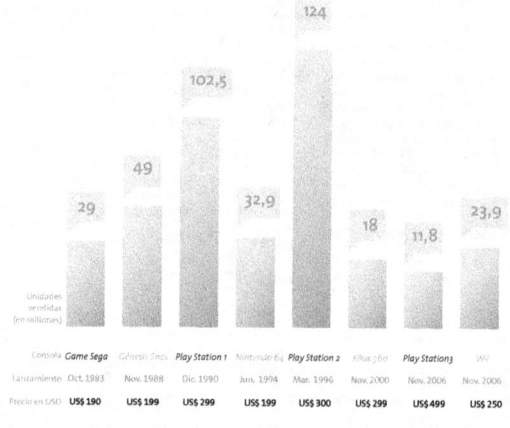

15. Observen este plano turístico y luego respondan:

a) ¿Por qué rutas pueden ir desde La Quiaca hasta San Antonio de los Cobres?

b) Nombren cinco ciudades que se encuentren sobre la ruta 9.

c) ¿Qué ciudad se encuentra en la intersección de la ruta 9 y la 34?

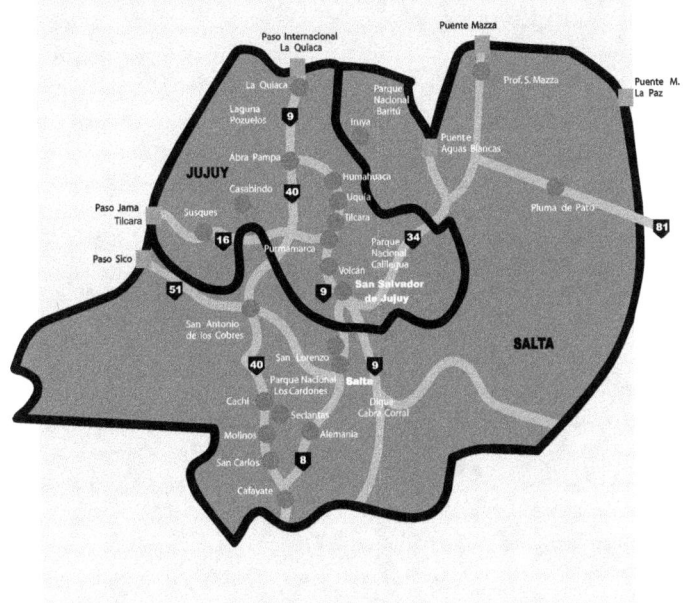

16. El siguiente es un plano de la ciudad de La Plata:

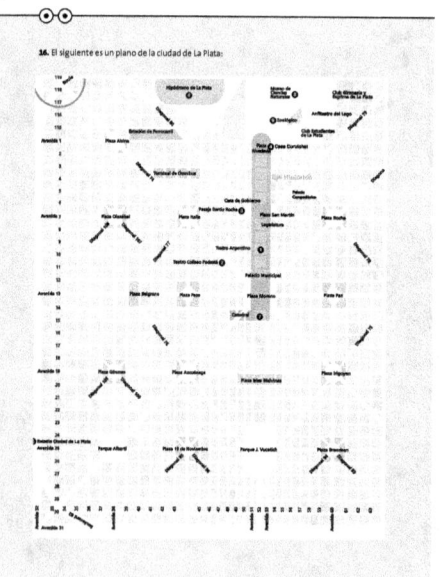

a) ¿Qué plaza se encuentra en la intersección de las avenidas 60 y 19?

b) Plaza Italia se encuentra en la intersección de la diagonal 74 y ¿qué otra calle?

c) Marquen con una cruz la Facultad de Ingeniería de la Universidad Nacional de La Plata, sabiendo que está en la calle 47 y avenida 1. ¿A cuántas cuadras de la estación de ferrocarril se encuentra?

d) La Terminal de ómnibus se encuentra en la calle 42 entre 3 y 4. Señalen tres caminos distintos para ir desde ella hasta la catedral.

e) ¿Cuáles serían las coordenadas para hallar plaza Paso?

17. Juan y Andrés jugaron a la batalla naval. Observen las coordenadas que dijo cada uno y averigüen quién ganó.

Barcos de Juan

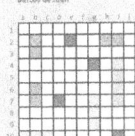

Barcos de Andrés

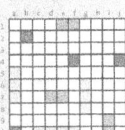

Coordenadas que dijo Juan:
(A,7) - (B,1) - (B,2) - (C,1) - (D,5) - (A,4)
(A,9) - (A,6) - (A,10) - (G,8) - (G,7) - (B,4)
(I,7) - (I,6) - (I,6) - (D,7) - (C,7) - (E,7)
(D,10) - (E,10) - (E,10) - (D,5) - (A,6)

Coordenadas que dijo Andrés:
(B,1) - (B,2) - (C,1) - (D,1) - (D,5) - (A,5)
(E,2) - (F,2) - (D,1) - (F,6) - (C,7) - (A,5)
(I,7) - (I,5) - (I,6) - (A,6) - (I,7) - (G,7)
(A,10) - (B,10) - (I,10) - (I,9) - (I,9) - (I,9)

18. Observen el siguiente cuadro del INDEC, de a dos, y luego contesten:

> Índice de Precios al Consumidor, del Gran Buenos Aires, según capítulos de la canasta familiar >> Abril 2008

Nivel general y capítulos de la canasta familiar	Índice		Variación porcentual	
	Abril 2008	Marzo 2008	Respecto del mes anterior	Respecto de Diciembre '07
Nivel general	209,37	207,65	0,8	3,4
> Alimentos y bebidas	241,61	239,85	0,7	3,7
> Indumentaria	220,20	216,73	1,6	–3,0
> Vivienda y servicios básicos	177,23	174,79	1,4	4,4
> Equipamiento y mantenimiento del hogar	204,29	204,08	0,1	1,9
> Atención médica y gastos para la salud	196,54	195,40	0,6	3,1
> Transporte y comunicaciones	177,96	176,27	1,0	3,3
> Esparcimiento	214,92	213,21	0,8	4,6
> Educación	193,72	193,26	0,2	9,4
> Otros bienes y servicios	221,98	219,74	1,0	2,6

Fuente: INDEC. Dirección de índices de precios de consumo.

a) ¿Qué fue lo que más aumentó en abril de 2008 con relación a los valores de diciembre de 2007?

b) Nombren dos de las partes de la canasta familiar que más aumentaron con relación a diciembre de 2007.

c) Comparen los índices de abril de 2008 de "Esparcimiento" y de "Indumentaria". Anoten conclusiones.

d) ¿Qué fue lo que se mantuvo más estable en marzo de 2008 con relación a los valores de diciembre de 2007?

e) Inventen dos preguntas que se respondan con la información del cuadro del INDEC, para intercambiarse con otros compañeros.

5

Introducción al Álgebra
y al estudio de las Funciones
Proporcionalidad

Proporcionalidad en la vida cotidiana.
Expresiones de la proporcionalidad.
Proporcionalidad directa e inversa.
Iniciación al trabajo algebraico: sus
regularidades.

II Diario de los juegos **II** 16 DE AGOSTO DE 2003

El deporte
y la matemática

SANTO DOMINGO

El argentino Javier Correa fue distinguido como el "mejor deportista panamericano de la década en canotaje", tras ganar su segunda medalla de oro en Santo Domingo 2003. Correa recibió el premio de manos del presidente de la Federación Panamericana de Canotaje, Charles Henry Yatman, tras imponerse en la prueba de los 500 metros de K-1 en la presa de Rincón, en las afueras de Santo Domingo. El currículum de Correa indica que fue el primer argentino finalista en un Mundial (Hungría '98), donde ganó el bronce en K1-1000, y en los Juegos Olímpicos (Sydney 2000), en los que fue quinto en la misma modalidad, lo que lo llevó a ganar la plata en las Copas del Mundo de Polonia 2001 y Sevilla 2002. En los Paname-

ricanos, el argentino ya acumula seis preseas doradas, contando Mar del Plata 95, Winnipeg 99 y estos Juegos de Santo Domingo. Este deportista barilochense es uno de los atletas más ganadores en la historia de los Juegos Panamericanos. Una de las categorías en las que compite en kayak nuestro compatriota es en 500 metros (cuya velocidad crucero normal es de 120 a 125 paladas por minuto). Su marca en esta competencia fue de 111 paladas promedio, muy cerca del récord mencionado. Reconocido por la constancia, rigurosidad y disciplina con que Javier Correas se entrena, esta prueba generalmente la practica unas 200 veces por semana. Argentinos como él, apasionados y exigentes, enarbolan nuestro estandarte cada vez más alto.

1. ¿Cuál es la relación entre el tiempo de la competencia y las paladas que da Javier Correas en los 500 metros?

2. Según los datos del texto, estimen cuántos metros avanza por cada palada.

3. ¿De qué Juegos se trata? ¿Dónde obtuvo las medallas? ¿Todas son doradas?

4. Cuatro amigas fueron a cenar a un restaurante y dividieron la cuenta en partes iguales. Si el total es $ 125, ¿cuánto pagó cada una? Si quisieran pagar una suma entera de pesos, ¿cuánto dejarían de propina?

5. De mis vacaciones traje alfajores para mis mejores amigos/as. Calculé a razón de 3 alfajores por amigo y 2 por amiga.
Si tengo 8 amigos y 5 amigas a los que quiero convidar, ¿cuántos alfajores traje?

6. Manuel quiere completar su álbum lo antes posible, por ello hizo estas dos tablas, para saber cuántas figuritas necesita y cuánto dinero va gastando.
a) ¿Tuvo en cuenta las figuritas repetidas?
b) ¿Le alcanza esta información? ¿Por qué?

álbum	figuritas
1	6
8	
	72

valor	$
1	2,75
	33
10	

7. Los patios de los departamentos de un edificio son cuadrados.
a) Si tienen 81 baldosas en total (también cuadradas e iguales), ¿de cuántas baldosas es cada lado del patio?
b) Si quieren cambiar las baldosas por otras de la mitad de tamaño de lado, ¿necesitarán más o menos? ¿Cuántas? Comparen las respuestas con su compañero.
c) ¿Y si el lado de la baldosa fuera la tercera parte de la baldosa inicial?

8. Carlos y Daniel competían en el juego del sapo. Cuando les preguntaron quién iba ganando, Carlos dijo que de cincuenta tiros erró diez y Daniel dijo que perdía tres de cada quince tiros. ¿Quién es el mejor jugador, Carlos o Daniel?

Razones y proporciones

Si relacionamos la cantidad de errores que cometen con la cantidad de tiros, que realizan:

Carlos $\dfrac{10}{50}$ ⟶ 10 de cada 50, o 10 por cada 50

Daniel $\dfrac{3}{15}$ ⟶ 3 de cada 15, o 3 por cada 15

Al relacionar los errores con la cantidad de tiros, estamos estableciendo una razón.

Se llama razón entre dos números al cociente de dichos números.

Las razones se utilizan para hacer comparaciones entre dos cantidades.
Vemos que al reducir las fracciones $\dfrac{10}{50}$ y $\dfrac{3}{15}$ llegamos al mismo resultado:

$$\frac{10}{50} = \frac{1}{5} \qquad\qquad \frac{3}{15} = \frac{1}{5}$$

Comparando las razones, vemos que el número de errores y el número de tiros es el mismo para los dos jugadores.

A la igualdad entre dos razones se la llama proporción.

La proporción $\dfrac{10}{50} = \dfrac{3}{15}$ se lee: 10 es a 50 como 3 es a 15.

10 y 15 son los extremos de la proporción.
50 y 3 son los medios.

$$\begin{array}{c} \text{extremo} \\ \text{medio} \end{array} \frac{10}{50} = \frac{3}{15} \begin{array}{c} \text{medio} \\ \text{extremo} \end{array}$$

Propiedad fundamental de las proporciones

En toda proporción, el producto de los medios es igual al producto de los extremos.

$$10 \cdot 15 = 50 \cdot 3$$

---

9. Una caja de tornillos pesa 20 kg. ¿Cuánto pesarán 2 cajas? En un depósito se encuentra un contenedor con 520 kg de tornillos. ¿Cuántas cajas de tornillos podrá tener?

Para responder a estas preguntas, completen la siguiente tabla.

cajas	peso
1	20
2	
	520

$$\frac{1}{20} = \frac{2}{x} \qquad 1 \cdot x = 20 \cdot 2 \quad \text{(propiedad fundamental de las proporciones)}$$

$$x = (20 \cdot 2) : 1 = 40 \text{ kg}$$

$$\frac{1}{20} = \frac{x}{520} \qquad 1 \cdot 520 = 20 \cdot x \quad \text{(propiedad fundamental de las proporciones)}$$

$$x = (1 \cdot 520) : 20 = 26 \text{ cajas}$$

El número de cajas y su peso son magnitudes directamente proporcionales. Las cantidades aumentan o disminuyen en la misma proporción.

Proporcionalidad directa

Para realizar un viaje, Micaela ahorra, por día, tres billetes de $ 2.
Para poder registrar lo que va juntando, se le ocurrió realizar una tabla.

días (x)	cantidad de billetes (y)
1	3
2	6
3	9
4	12
5	15
6	18

Para confeccionar la tabla, Micaela observó que la cantidad de billetes y la de días aumentan en la misma proporción: al doble de días le corresponde el doble de billetes; al triple de días, el triple de billetes, y así a medida que transcurren los días.

Los billetes los ahorra en función de los días que pasan. La relación entre la cantidad de billetes y los días es directamente proporcional.

Micaela decide hacer ahora un gráfico cartesiano.

Pone en el eje horizontal la cantidad de días y en el eje vertical, la cantidad de billetes.

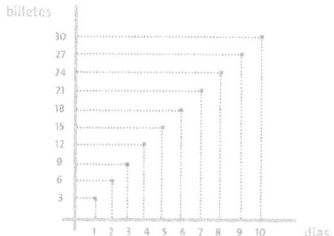

Cada par de valores determina un punto. Los puntos del gráfico están alineados sobre una recta que pasa por el origen de las coordenadas.

En la función de proporcionalidad directa, el cociente de las coordenadas de los puntos pertenecientes, es una razón constante. A esto se lo llama: constante de proporcionalidad directa.

$$k = \frac{y}{x}$$

En la proporcionalidad directa, las cantidades que se corresponden aumentan o disminuyen en la misma proporción.

10. Mariela quiere hacer empanadas para una reunión y encontró una receta para cuatro personas. ¿Cómo hará para calcular los ingredientes para siete personas?

Empanadas de carne

* 1 kg de carne picada
* 160 g de cebollas
* 240 g de morrones
* 120 g de aceitunas
* 2 cucharadas de condimentos

En todas las recetas, la cantidad de ingredientes es directamente proporcional a la cantidad de porciones. Calculen los ingredientes de una porción para luego calcular la cantidad de porciones que deseen.

Ingredientes	1 porción	7 porciones
Carne picada		
Cebollas		
Morrones		
Aceitunas		
Condimentos		

11. En un hotel se hospeda una familia de 4 personas durante 15 días, y abona un total de $ 2.400.

a) ¿Cuánto le cuesta a la misma familia quedarse 20 días?

b) ¿Cuánto se quedó la familia si terminó pagando $ 2.880?

c) ¿Cuánto les cuesta a 3 personas hospedarse 15 días?

12. Un ciclista marcha a una velocidad constante de 35 km/h.

a) ¿Cuántos metros recorre por minuto?

b) ¿Cuánto tarda en recorrer 48 km?

13. En un colegio utilizan, en un mes, 15 rollos de cinta de papel de 40 metros cada uno. Si para el mes siguiente quieren comprar la misma cantidad, ¿cuántos rollos de 25 metros cada uno deben comprar?

14. Completen las siguientes tablas de proporcionalidad directa:

X	Y
12	108
	144
	81
21	
14	
K =	

X	Y
13	
	176
18	198
15	
	231
K =	

Proporcionalidad inversa

Después de jugar al fútbol, Sebastián y dos de sus amigos se reúnen en su casa para merendar. La mamá de Sebastián les dejó tres docenas de galletitas caseras. Antes de disponerse a comer, llegaron tres amigos del colegio, con lo cual tendrían menos galletitas para cada uno.

Antes de que llegaran los chicos del colegio y suponiendo que a todos les gustan las galletitas, ¿cuántas galletitas podía comer cada uno? ¿Y ahora? ¿Cuántas comería cada uno si fueran nueve? ¿Y si fueran dieciocho?

A medida que llegan más chicos, la cantidad de galletitas que puede comer cada uno de ellos disminuye en función de la cantidad de chicos que haya para repartir.

La relación entre la cantidad de galletitas por chico y la cantidad de chicos es inversamente proporcional. Si la cantidad de chicos se duplica, se reduce a la mitad la cantidad de galletitas para cada uno.

En cada situación, el producto entre la cantidad de chicos y las galletitas que le tocan a cada uno es 36, ya que la mamá de Sebastián les dejó tres docenas de galletitas.

cantidad de chicos	cantidad de galletitas para cada chico
3	12
6	6
9	4
18	2

Representando los valores de la tabla en un gráfico cartesiano:

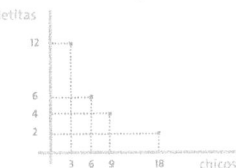

Cada par de valores determina un punto. Los puntos del gráfico pertenecen a una curva llamada hipérbola.

En la función de proporcionalidad inversa, el producto de las coordenadas de los puntos pertenecientes es siempre el mismo. A esto se lo llama: constante de proporcionalidad inversa.

$$k = x \cdot y$$

15. Para pintar un departamento se necesitan 15 latas de pintura de 12 litros cada una. ¿Cuántas latas de pintura de 18 litros cada una se necesitarán para pintar el mismo departamento?

16. En una fábrica de golosinas, 5 máquinas envasan 28.800 chicles en 12 horas.
a) ¿Cuánto tardarán las 5 máquinas en envasar 16.800 chicles?
b) ¿Cuántas máquinas son necesarias para envasar los 28.800 chicles en 15 horas?
c) ¿Cuántos chicles envasan las 5 máquinas en 9 horas?

⦿—◎—◇

17. Completen y representen en un gráfico la información de esta situación problemática:

Martina tiene que trasladar 48 libros de su aula a la biblioteca escolar. Como los libros son pesados, decide separarlos en grupos iguales.

Cuantos menos libros lleve, más viajes hará.

Si lleva de a 6 libros, hará

Si, en cambio, lleva de a 8 libros, hará

Si quiere hacerlo más rápido y lleva 12 libros por vez, hará

¿Qué tipo de proporcionalidad hay entre el número de libros que forman cada grupo y el número de viajes que deberá realizar Martina?

18. Completen las siguientes tablas de proporcionalidad inversa:

X	Y
9	14
7	
	21
2	
	1
K =	

X	Y
168	
7	72
	252
126	
	4
K =	

Proporciones y porcentaje

Mariela colecciona fotos de sus ídolos deportivos, cantantes, modelos y artistas de uno y otro sexo. El 30% de las fotos que tiene son de mujeres. Si en total tiene 150 fotos, ¿cuántas son de mujeres? ¿Cuántas mujeres serían si fueran el 50%? Si agrega 27 fotos más, de las que 22 son de hombres, ¿qué porcentaje de mujeres habría?

Siempre que se calcula porcentaje, se está trabajando con proporciones.

Si el 30% de las 150 fotos son de mujeres, decimos que 30 de cada 100 fotos son de mujeres y que x fotos de cada 150 son de mujeres:

$$\frac{30}{100} = \frac{x}{150}$$

$30 \cdot 150 = 100 \cdot x$ aplicamos propiedad fundamental de las proporciones

$$x = \frac{30 \cdot 150}{100} = 45 \text{ fotos de mujeres}$$

Si las fotos de mujeres fueran el 50%

$$\frac{50}{100} = \frac{x}{150}$$

$50 \cdot 150 = 100 \cdot x$ aplicamos propiedad fundamental de las proporciones

$$x = \frac{50 \cdot 150}{100} = 75 \text{ fotos de mujeres}$$

Si agrega a su colección 27 fotos más, de las cuales 22 son
de hombres, tendrá 177 fotos de las cuales 67 serán de mujeres.

$$\frac{22}{177} = \frac{x}{100}$$ 22 de cada 177 fotos son de mujeres y x de
cada 100 fotos son de mujeres.

$22 \cdot 100 = 177 \cdot x$ aplicamos propiedad fundamental de las proporciones

$$x = \frac{22 \cdot 100}{177} = 12{,}43\% \text{ de mujeres}$$

19. Roberto tiene 45 años y su edad es el 25% más de la edad de Jorge.
¿Cuántos años tiene Jorge?

20. El 35% de los pasajeros de una excursión son extranjeros. Si el total de
pasajeros es de 80 personas, ¿cuántos son argentinos?

21. Stella y Daniel ahorraron $ 10.000. Por horas extras en su trabajo, a Stella le
pagaron $ 1.200. ¿Qué porcentaje de lo que tenían ahorrado representa esta cifra?

22. Por la compra al contado de una notebook, a Daniel le cobraron $ 4.947.
Si el precio de lista era de $ 5.820, ¿qué porcentaje del precio de lista le descontaron
a Daniel?

23. Juan Ignacio da 28 pasos de 85 cm para ir desde su casa hasta el quiosco. Su hijo da pasos de 70 cm. ¿Cuántos pasos debe dar para hacer ese mismo trayecto?

24. Agustina y Francisco quieren preparar panqueques para sus amigos. Tienen una receta para 12 panqueques. Piensan que van a necesitar más. Le piden a Anita y a Manuel que calculen para hacer 36.

Ingredientes para 12 panqueques	Ingredientes para 36 panqueques
• manteca 75 g • harina 125 g • huevos 2 • leche 250 ml	

25. Los chicos de 7° año organizan una fiesta para el Día del Amigo. Contratarán un disc-jockey que cobra $ 960, y repartirán este gasto entre los chicos que vayan a la fiesta.
a) Si concurren 60 chicos, ¿cuánto dinero debe poner cada uno para cubrir el gasto del disc-jockey?
b) ¿Y si van más chicos? ¿Y si ponen menos dinero, cuántos tendrán que ser?
c) Demuestren con una tabla la forma en que pueden resolverlo.

26. Javier trabaja en Buenos Aires durante la semana; los fines de semana va a Tandil para visitar a su familia. Si viaja en su auto a una velocidad de 80 km/h, el viaje dura 6 horas.
a) ¿Cuánto durará el viaje si decide apurarse un poco y viajar a una velocidad de 100 km/h?
b) La velocidad máxima en la autopista que toma Javier para ese viaje es de 120 km/h. ¿Cuánto tiempo le insumirá si lo hace a esa velocidad?

27. Un Atlas del Mundo está dividido en tomos, todos de igual cantidad de páginas. En 7 tomos hay un total de 1099 páginas. ¿En cuántos tomos hay 2826 páginas?

28. Si para calcular mentalmente cuál es el 25% de una cantidad, se la divide por 4, ¿cómo calcularían mentalmente
a) el 50% de una cantidad?
b) el 75% de una cantidad?
c) el aumento del 25% de una cantidad?

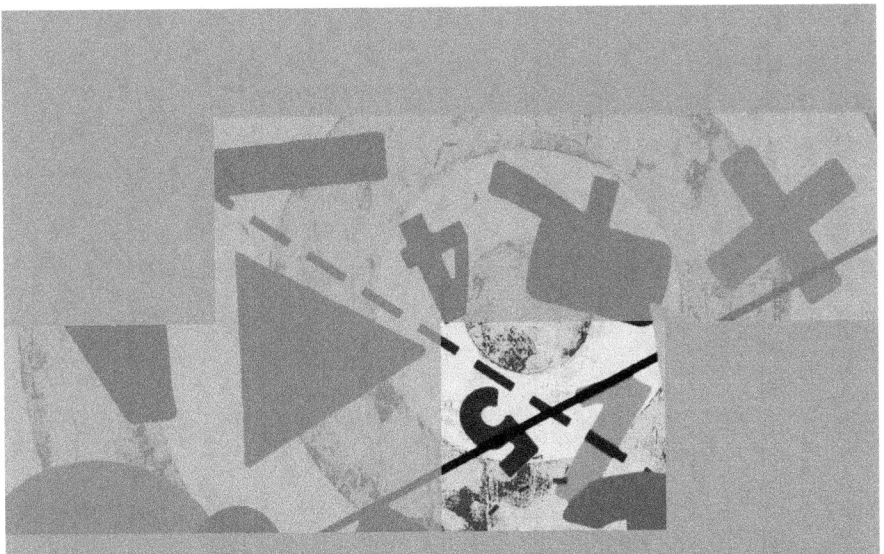

Estadística y probabilidad

Estadística
y probabilidad

6

Formas de registro de frecuencias de un suceso.
Población, muestra, encuestas.
Tabla de distribución de frecuencia.
Lectura, interpretación y construcción de gráficos estadísticos.
Moda, mediana, media aritmética.
Fenómenos aleatorios.
Cálculo de probabilidades.
Cálculo combinatorio y diagrama de árbol.
Relaciones entre la estadística y el cálculo de probabilidad.

¿Procedimientos matemáticos para ganar en el casino?

Un experto de la UBA, Juan Lucas Bali, licenciado en Ciencias de la Computación, y próximo a ser licenciado en Matemáticas, explicó a Infobae los juegos de azar y su relación con la matemática. El *blackjack*, el póker, la ruleta, las máquinas tragamonedas y también el bingo han sido motivo de muchas investigaciones en matemática destinadas a un mismo fin, vencer a la banca y lograr con poco esfuerzo cierta fortuna. A estas soluciones se las conoce como *martingalas*, que significa "astucia o artimaña"; en general utilizan la teoría de probabilidades para aludir a ciertos procesos estadísticos o de azar. Bali explica que una martingala, en general, es una estrategia de apuesta, casi siempre vinculada a una ruleta. Por ejemplo, apostar color es la estrategia más extendida de juego: se llama *martingala clásica* y propone comenzar apostando $ 1 y, cada vez que se pierda, duplicar la apuesta con el fin de recuperar el dinero perdido. Sería algo así:

- 1ª bola: se juega $ 1 al rojo, sale negro y se pierde.
- 2ª bola: se juegan $ 2 al rojo, sale negro y se pierde.
- 3ª bola: se juegan $ 4 al rojo, sale negro y se pierde.
- 4ª bola: se juegan $ 8 al rojo, vuelve a salir negro y se pierde.
- 5ª bola: se juegan $ 16 al rojo. Sale rojo.
  Se recuperan los $ 16 más otros $ 16 de la banca.

"¿Cuánto es mi ganancia neta? Sumemos las pérdidas: 1 + 2 + 4 + 8 = 15. Ganancias tenemos únicamente en la última bola, de $ 16. Entonces, la ganancia neta después de esta racha es de $ 1. Y así va a ser siempre, sin importar la duración que tenga una racha adversa, siempre, al finalizar esta, recuperaré el dinero perdido y además recibiré un peso extra", dijo Bali.

"¡Es la estrategia perfecta!, duplicando las apuestas ante las pérdidas, siempre recuperaré el dinero jugado más un peso adicional", consideró, pero al mismo tiempo observó: "¿Por qué no estamos todos entonces jugando a la ruleta con esto?".

Es que, según Bali, "hay un detalle no menor" y es "nuestro bolsillo: no disponemos de una cantidad ilimitada de dinero". Por caso, si se ingresa al casino con un capital fijo de $ 100, solo se puede resistir una racha adversa de cuatro bolas y una quinta a favor. ¿Qué habría pasado si la quinta bola hubiese sido adversa?

⎯◯◯⎯⎯⎯⎯⎯⎯⎯⎯⎯⎯

1. Relean el texto y subrayen con un color los párrafos que se refieran a aspectos matemáticos relacionados con el juego y con otro color los que solo remitan al azar.

2. Discutan en pequeños grupos cuáles de estos aspectos tienen para ustedes mayor influencia en el resultado final del juego.

3. Cecilia tiene una bolsa con caramelos masticables. En total tiene 5, de diferentes gustos: frutilla, limón, ananá, naranja y menta. A su hermana, solo no le gusta el de menta y Cecilia quiere que elija sin mirar. a) ¿Qué posibilidad tiene de sacar un caramelo que le guste? b) ¿Cómo lo expresarían matemáticamente?

4. Las edades de los alumnos de los diferentes grupos del Taller de teatro de Aníbal son:

15 - 24 - 31 - 40 - 36 - 12 - 15 - 31 - 32 - 31 - 29 - 55
10 - 48 - 37 - 26 - 11 - 12 - 8 - 9 - 17 - 12 - 13 - 11 - 10

a) ¿Cuál es el promedio de edad de los alumnos? b) ¿Cuál es la edad que se repite más veces? c) ¿Cuál es su porcentaje?

5. Cara o ceca:
a) Jueguen de a dos con una moneda de cualquier valor. De a uno por vez, tiren la moneda y registren los resultados, pero antes decidan entre ustedes quién gana: si el que obtiene mayor cantidad de caras o de cecas. b) Luego de jugar, contesten: ¿cómo pueden expresar los resultados del juego en lenguaje matemático?

6. Lean el siguiente cuadro correspondiente a los goleadores del Mundial de fútbol de México 1986:

Jugador	Goles	Gol de penal	Partidos jugados
Gary Lineker	6	0	5
Butragueño	5	1	5
Careca	5	0	5
Diego Maradona	5	0	7
Igor Belanov	4	2	4

Para cada jugador realicen el cociente entre los goles realizados y los partidos jugados. ¿Qué indica el número obtenido? Calculen el porcentaje de goles convertidos de penal por cada jugador.

Probabilidad de un suceso

7. Completen, según les parezca, cada una de las siguientes situaciones de la vida cotidiana con: • SEGURO • MUY PROBABLE • POCO PROBABLE • IMPOSIBLE

- Paseando por la calle, Ignacio encuentra $ 200.
- José Antonio está enfermo por lo menos una vez al año.
- El profe de Matemática hoy retará a un alumno del curso.
- Al subir al colectivo, Rocío deberá pagar boleto.
- Todos los alumnos sacarán 10 en la evaluación.

8. Se arrojan dos dados (uno rojo, otro azul) y se suman los valores obtenidos.

a) Completen el siguiente esquema con los posibles valores de los dados para cada resultado:

POSIBLES VALORES DE LOS DADOS

b) ¿De cuántas formas se puede obtener el número 5?

c) ¿Hay manera de obtener el número 1?

d) ¿Qué suma tiene más posibilidad de salir, 10 o 6?

e) ¿Qué suma tiene menos posibilidad de salir, 11 o 3?

Experimento aleatorio y espacio muestral

Arrojar un dado es un experimento aleatorio, ya que podemos conocer los posibles resultados, pero no tenemos certeza de cuál será el resultado real hasta que este no ocurra.

Se denomina espacio muestral al conjunto formado por todos los posibles resultados de un experimento aleatorio. En la actividad anterior, el espacio muestral está formado por todas las maneras posibles de agrupar los dados.

La probabilidad de que ocurra un suceso se calcula de la siguiente forma:

$$\text{probabilidad} = \frac{\text{número de casos favorables}}{\text{número de casos posibles}}$$

En la actividad, el número de casos posibles es 36 (la cantidad de elementos del espacio muestral). Entonces, la probabilidad de obtener un 5 en el experimento aleatorio será:

$$P(5) = \frac{4}{36} \quad \underline{\quad} \text{ número de casos favorables}$$
$$\underline{\quad} \text{ número de casos posibles}$$

Que puede expresarse también:

$$P(5) = \frac{4}{36} = \frac{1}{9} = 0,\overline{1}$$

Para expresar la probabilidad en forma porcentual, multiplicamos el último número por 100:

$$P(5) = 11,\overline{1}\%$$

Tengan en cuenta que la probabilidad de un suceso siempre es un número comprendido entre 0 y 1.

Si $P = 0$, el suceso será imposible

Si $P = 1$, el suceso será seguro

9. a) Para la actividad **8**, calculen la probabilidad de que la suma dé:

Un 2	Un 11
Un 1	Un 9
Un 7	Un 13

b) Escriban las probabilidades anteriores en forma porcentual.

c) ¿Algún suceso es imposible? ¿Y seguro?

10. Tienen un mazo de cartas españolas, de 40 cartas, y sacan una. Calculen la probabilidad de:
  a) Que obtengan oro
  b) Que obtengan un caballo
  c) Que obtengan un caballo de oro

11. En una familia de 5 hijos, ¿cuál es la probabilidad de que los 5 hijos sean mujeres? ¿Y la de que ninguno sea mujer? (escriban primero el espacio muestral).

12. ¿Cuál es la probabilidad de que salga cara al lanzar una moneda?

13. En una bolsa colocamos 2 bolitas rojas, 3 blancas y 4 azules. Si se extrae una al azar, calculen la probabilidad de que:

sea roja:	sea azul:
sea verde:	sea blanca:

14. Se colocan los números del 1 al 100 en una bolsa para hacer una rifa, calculen la probabilidad de que el número ganador sea:

Mayor que 60	Par
Primo	Múltiplo de 9
Divisible por 8	Múltiplo de 13

15. Inventen un suceso seguro y otro imposible.

Estadística

16. Las siguientes son las notas de los alumnos de primer año en Matemática:

5	7	6	7	8	10	
6	4	7	9	10	9	
9	7	6	7	8	6	
8	7	5	4	7	6	7

Con ellas completen la siguiente tabla de distribución de frecuencias:

variable	frecuencia	frecuencia relativa	frecuencia porcentual	frecuencia por variable
x	f	fr	fp	$x \cdot f$
4	2	2/25 = 0,08	8%	8
5				
6	5	5/25 = 0,2	20%	30
7				
8				
9	3			
10	2			
Total	25	25/25 = 1	100%	

Población, muestra, variable.

Llamamos población al conjunto de personas, animales, cosas, etc., que queremos estudiar estadísticamente.

Para ello, los datos pueden ser recolectados a través de censos, encuestas, etcétera.

Cuando no puede estudiarse toda una población, se toma una parte representativa de ella a la que denominamos muestra.

La muestra deba ser representativa, se elige de tal manera que el trabajo estadístico en ella debe dar resultados similares a los que daría en el total de la población.

En la actividad anterior, la población son los alumnos de primer año.

Se denomina variable a cada uno de los temas que se pueden estudiar de una población o muestra.

La varialble estudiada anteriormente son las notas obtenidas por los alumnos en la evaluación de Matemática.

Las variables pueden ser cualitativas: miden variables no numéricas, o cuantitativas: miden variables numéricas.

En el caso desarrollado en el ejemplo, la variable es cuantitativa.

Frecuencia absoluta, frecuencia relativa, frecuencia porcentual

◆ Frecuencia absoluta (f): es el número de veces que se repite cada valor de la variable. A la suma de estos valores la llamamos **n**, en la actividad anterior **n = 25.**

◆ Frecuencia relativa (f_r): se obtiene a través del cociente entre la frecuencia absoluta y la cantidad de elementos que forman la población o muestra.

◆ Frecuencia porcentual (f_p): se calcula multiplicando cada frecuencia relativa por 100.

Promedio o media aritmética $(\bar{x})$: es el cociente entre la suma de todos los valores de la variable y la cantidad de elementos que forman la población o muestra. Una forma simple de calcularla es sumando los valores de **x . f** y dividir este resultado por la cantidad de elementos que forman la población.

$$\bar{x} = \frac{suma\,(x \,.\, f)}{n}$$

Moda (M_o): es el valor de la variable con mayor frecuencia. Si existe más de una variable con mayor frecuencia, todas ellas serán la moda. Si todas las variables tienen la misma frecuencia, la moda no existe.

Mediana (M_e): es el valor central, si se ordenan en forma creciente o decreciente las variables.
Si la cantidad de variables es par, la M_e es el promedio de los dos valores centrales.

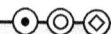

17. El promedio de las notas de los alumnos de primer año será:

$$\bar{x} = \frac{}{25} \qquad\qquad\qquad \bar{x} =$$

Este valor indica que, si todas las notas fueran iguales, serían

18. Para la actividad, la moda es : $M_o =$

19. La mediana es:

4 4 5 5 6 6 6 6 6 7 7 7 7 7 7 7 8 8 8 9 9 9 10 10

$M_e =$

Gráficos estadísticos

Diagrama de barras

Consiste en un gráfico donde en el eje vertical se representa la frecuencia y en el eje horizontal, la variable.

Cada barra tiene en el centro de su base el valor de la variable, y por su altura, la correspondiente frecuencia. Observen que las barras contiguas se encuentran separadas por un espacio.

20. Tomando como referencia las notas de los alumnos del problema **16**, completen el gráfico con los valores de la tabla de distribución de frecuencias:

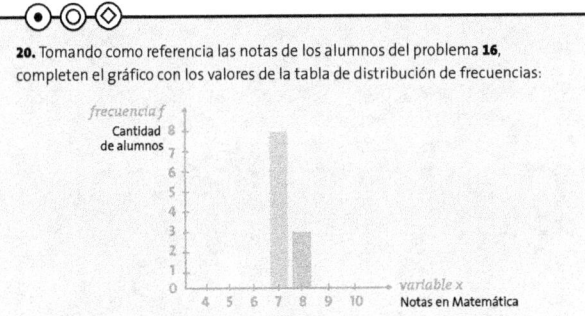

Gráfico circular

En un gráfico circular se representa la frecuencia porcentual por medio de sectores circulares limitados por dos radios consecutivos.

Como el círculo representa el 100% y su ángulo es de 360°, para calcular el ángulo central de fp de 8%, multiplicamos su correspondiente fr por 360°, es decir:

La fp de 8% es 0,08, entonces resolvemos: 0,08 x 360°, que es aproximadamente 28°.

La fp de 20% es 0,2, entonces calculamos: 0,2 x 360° = 72°.

21. Calculen los ángulos de los sectores circulares de las restantes fp.
22. Con los datos del problema **16**, indiquen a qué fp le corresponde cada sector circular.

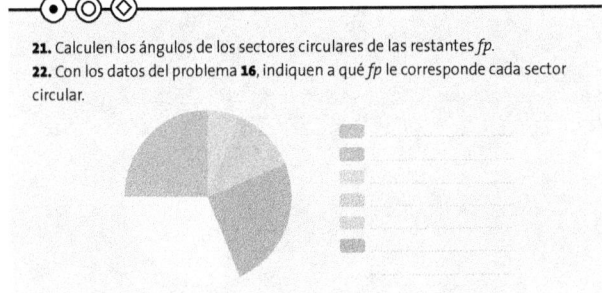

23. Al realizar una encuesta sobre la cantidad de personas que habitan por hogar entre 50 alumnos de dos cursos de séptimo año de una escuela, se obtuvieron los siguientes resultados:

```
4  6  4  3  3  6  5  5  4  3
3  5  4  5  6  7  6  5  4  4
9  7  5  4  4  4  5  6  7  6
6  5  4  3  3  4  3  3  4  5
3  4  5  5  4  5  4  4  3  5
```

a) Completen la tabla de distribución de frecuencias:

x	f	fr	fp	x . f
Total				

b) Calculen $\overline{x}$, indiquen M_o y M_e, y realicen los gráficos correspondientes.

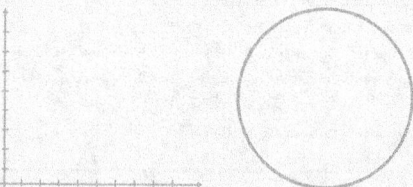

24. Se lanza un dado 100 veces y se representan los resultados obtenidos en el siguiente gráfico:

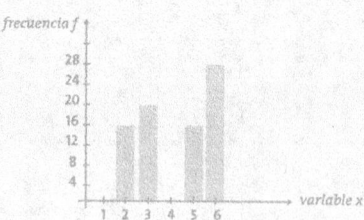

a) Completen la tabla de distribución de frecuencias.

x	f	fr	fp	x . f
Total				

b) Calculen el valor promedio, indiquen el valor de la moda, indiquen cuál es la mediana y construyan el gráfico circular correspondiente.

25. a) Realicen una encuesta a todos los alumnos de 7° del colegio, acerca del cuadro de fútbol del que son hinchas.

b) Registren, a partir de ella:

- Población.
- Moda y mediana.
- Frecuencia y variables, en ejes cartesianos.
- Gráficos estadísticos: representen resultados en uno de barras y en otro circular.

26. A partir de la siguiente tabla de frecuencias, construyan un gráfico de precipitaciones e indiquen frecuencia relativa, frecuencia absoluta, frecuencia porcentual, promedio, moda y mediana.

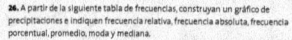

MES	PRECIPITACIONES
Enero	> 110 mm
Febrero	> 70 mm
Marzo	> 150 mm
Abril	> 100 mm
Mayo	> 40 mm
Junio	> 30 mm
Julio	> 40 mm
Agosto	> 20 mm
Septiembre	> 70 mm
Octubre	> 80 mm
Noviembre	> 100 mm
Diciembre	> 90 mm

27. Para las Eliminatorias 2010 del Mundial de fútbol, la Argentina se enfrentó con Ecuador en junio del 2008.
El siguiente gráfico circular muestra cómo salieron en todos los partidos anteriores en los que se enfrentaron.

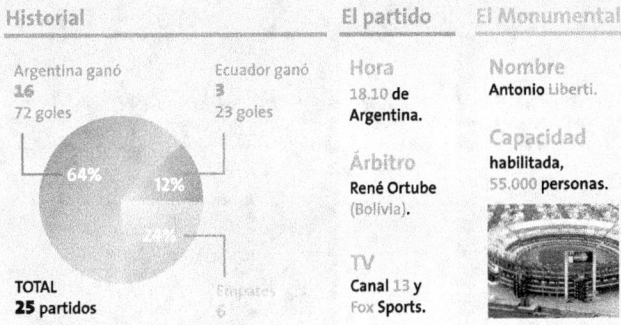

Historial

Argentina ganó
16
72 goles

Ecuador ganó
3
23 goles

64% 12%

24%

TOTAL
25 partidos

Empates
6

El partido

Hora
18.10 **de**
Argentina.

Árbitro
René Ortube
(Bolivia).

TV
Canal 13 **y**
Fox **Sports.**

El Monumental

Nombre
Antonio Liberti.

Capacidad
habilitada,
55.000 **personas.**

Respondan leyendo el historial:
a) ¿Qué representa el 100% en el gráfico?
b) Según las estadísticas planteadas, ¿quién tiene más probabilidad de ganar?
c) ¿Cuál es el porcentaje correspondiente a los empates?

28. Respondan:

a) ¿Cuál es la probabilidad de obtener una carta de copas al extraer una carta de un mazo de 40 cartas españolas?
b) ¿Cuál es la probabilidad de obtener un rey de copas al extraer una carta de un mazo de 40 cartas españolas?
c) Comparen sus respuestas con las de los otros compañeros.
d) Realicen el suceso aleatorio planteado en **a)** y **b)** y comparen ambos resultados .

29. a) Busquen en un diario de actualidad un diagrama de barras y un gráfico circular con la información periodística que los acompaña en la nota.

b) Escriban tres preguntas que se puedan responder a partir de la información de ellos.

c) Intercambien los gráficos y las preguntas con un compañero para responderlas.

30. En las elecciones para gobernador de una provincia, dos consultoras hicieron encuestas una semana antes del comicio.

La consultora X encuestó 50 personas en dos barrios y obtuvo las siguientes respuestas:

- Candidato 1: 26 votos
- Candidato 2: 15 votos
- Candidato 3: 6 votos
- Candidato 4: 2 votos
- Candidato 5: 1 voto

La consultora Y encuestó 5000 personas de todos los barrios y recogió las siguientes intenciones de voto:

- Candidato 1: 1000 votos
- Candidato 2: 3040 votos
- Candidato 3: 500 votos
- Otros: 460 votos

a) Redacten en pequeños grupos un informe acerca de cómo difundiría la encuesta cada una de las consultoras.

b) Comparen los dos informes y expliquen las diferencias.

7 Lugar geométrico

Conceptos básicos: punto, recta y plano
en el espacio.
Posiciones relativas de las rectas
en el plano.
Semirrecta, segmento y ángulo.
Sistemas sexagesimal.

La matemática y la pintura

Piet Mondrian fue un pintor holandés que nació el 7 de marzo de 1872. Sostenía que el arte no debía limitarse solo a la reproducción de imágenes de objetos reales, sino expresar únicamente lo absoluto y universal que se oculta tras la realidad. Rechazaba las cualidades sensoriales de textura, superficie y color, y redujo su paleta a los colores primarios.

Su creencia de que un lienzo, es decir, una superficie plana, solo debe contener elementos planos, implicaba la eliminación de toda línea curva y admitió únicamente las líneas rectas y los ángulos rectos.

Sus teorías sobre la abstracción y la simplicidad no solo alteraron el curso de la pintura, sino que tuvieron una profunda influencia en la arquitectura, el diseño industrial y las artes gráficas.

Desde otra mirada, planteaba una concepción racionalista de la obra, con una estructura armónica de líneas y masas coloreadas rectangulares de diversa proporción, siempre verticales y horizontales o formando ángulos rectos, con equilibrio, desde la utilización de colores planos, de carácter saturado (primarios: amarillo, azul, rojo) o tonal (blanco, negro y grises), sobre fondos claros.

En Mondrian, como en otros pintores, la línea, los puntos y el plano cobran vida y nos invitan a disfrutar el ARTE, en este caso, desde la pintura.

1. ¿Qué elementos geométricos nombra el texto?

2. ¿Cuál es el elemento protagonista, para ustedes, en sus pinturas, durante esta etapa?

3. La obra de Mondrian recibió influencia del movimiento artístico de los pintores cubistas. Averigüen qué características tenían sus obras.

4. Busquen obras en enciclopedias y en internet, y compartan entre todos imágenes de los cuadros de Mondrian. ¿Les gustan las pinturas de este pintor holandés? ¿Por qué?

5. ¿Cómo construirían un segmento de la misma medida que el $\overline{bc}$, usando una regla no numerada y un compás? Expliquen su procedimiento y luego dibújenlo.

b   c

6. Marquen un punto y dibujen tres circunferencias que pasen por dicho punto. Comparen lo que ustedes hicieron con lo de sus pares. ¿Todos lo hicieron igual? ¿Existe solo una forma de hacerlo?

7. Juan Ignacio y Agustina, con sus familias, viven en el campo. En el siguiente gráfico sus casas están marcadas con una cruz.

La hermana de uno de ellos, Sol, quiere mudarse cerca, pero estando a la misma distancia de Agustina y de Juan Ignacio.
Marquen en el esquema dos puntos distintos donde podría ubicarse la casa de Sol.
a) ¿En cuántos lugares distintos se podría ubicar? ¿Por qué?
b) Comparen lo que hicieron ustedes con lo de sus compañeros.
c) ¿Todos marcaron igual? ¿Qué elementos geométricos utilizó cada uno?

8. Marquen en el siguiente plano:

a) Dos calles paralelas entre sí.

b) Dos calles perpendiculares entre sí.

c) Dos calles oblicuas entre sí.

d) Nombren tres calles paralelas a Balcarce.

e) Nombren tres calles perpendiculares a Bartolomé Mitre.

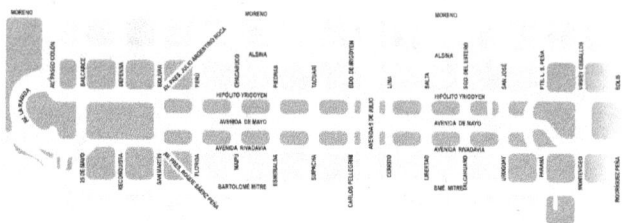

9. Señalen en el siguiente croquis, con distintos colores:

a) Un segmento de recta vertical.

b) Dos segmentos de rectas horizontales.

c) Dos segmentos de rectas paralelas.

d) Dos segmentos de rectas perpendiculares.

e) Dos segmentos de rectas alabeadas.

f) Imaginen este croquis en la realidad. ¿Cuáles de los elementos anteriores conservan las relaciones enumeradas?

Conceptos básicos

Se denomina lugar geométrico al conjunto de todos los puntos que cumplen con una determinada condición geométrica.

Los términos punto, recta y plano son conceptos primitivos aceptados sin necesidad de ser definidos.

Al punto se lo designa con una letra minúscula.   p

A la recta se la nombra con letras mayúsculas.   R

Al plano se lo nombra con letras del alfabeto griego.   β

Semirrecta

Cuando en una recta se determina un punto llamado origen, éste la divide en dos partes denominadas semirrectas. Su notación es:

origen

a   o   b   R

oa semirrecta de origen o que pasa por a
ob semirrecta de origen o que pasa por b

Segmento

Un segmento es la parte de la recta que queda comprendida entre dos puntos pertenecientes a esta, llamados extremos. Su notación es ab.

a   b

El segmento $\overline{ab}$ es el mismo que el segmento $\overline{ba}$.

10. Escriban los segmentos y semirrectas que determinan los puntos sobre la recta G.

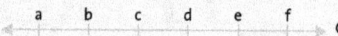

11. Escriban todos los segmentos que forman la figura.

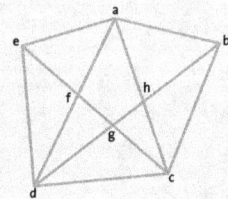

Cuando dos rectas están incluidas en un mismo plano, se dice que son coplanares; y cuando están incluidas en distintos planos, se las llama alabeadas.

Coplanares	**Concurrentes o secantes** (se cortan en un punto).	Perpendiculares A ⊥ B
		Oblicuas A ⊥ B
	Paralelas.	No coincidentes A // B
		Coincidentes
Alabeadas	**Pertenecen a distintos planos.**	

Mediatriz de un segmento

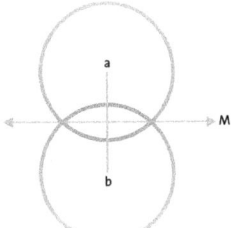

La mediatriz de un segmento es la recta perpendicular a este que pasa por su punto medio.

Para trazar la mediatriz de un segmento $\overline{ab}$ trazamos dos arcos de circunferencia con un radio mayor que la mitad de $\overline{ab}$. Luego se dibuja la recta M, que pasa por la intersección de los arcos de las circunferencias.

M es la mediatriz de $\overline{ab}$.

12. Tracen en sus carpetas la mediatriz de cada uno de los segmentos $\overline{ab}$.

13. La recta M es la mediatriz del segmento $\overline{ab}$. Dibujen dónde se ubica el punto b.

Ángulos

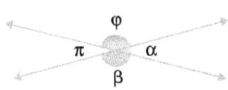

Cuando dos rectas se cruzan, dividen el plano en cuatro regiones. A cada región se la llama ángulo convexo.

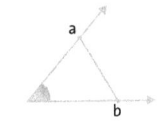

Un ángulo convexo es aquel en el cual, al trazar un segmento uniendo dos puntos cualesquiera de sus lados, el segmento se encuentra dentro del ángulo.

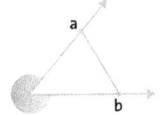

Un ángulo cóncavo es aquel en el cual, al trazar un segmento uniendo dos puntos cualesquiera de sus lados, el segmento se encuentra fuera del ángulo.

Sistema sexagesimal

Para medir ángulos, se los debe comparar con una unidad que es el grado sexagesimal.
El grado sexagesimal es el ángulo que se obtiene dividiendo la circunferencia en 360 partes iguales.
Un grado sexagesimal equivale a 60 minutos: 1° = 60'
Un minuto sexagesimal equivale a 60 segundos: 1' = 60"

Operaciones

14. Dados los siguientes ángulos, elijan el resultado para cada una de las sumas planteadas.

$\varphi = 28°\,15'\,26"$ $\qquad$ $\alpha = 17°\,23'\,12"$ $\qquad$ $\beta = 34°\,18'\,43"$

$\varphi + \alpha$ $\qquad$ $\varphi + \beta$ $\qquad$ $\alpha + \beta$

$$
\begin{array}{r}
28°\,15'\,26" \\
+\ 17°\,23'\,12" \\
\hline
\end{array}
\qquad
\begin{array}{r}
28°\,15'\,26" \\
+\ 34°\,18'\,43" \\
\hline
\end{array}
\qquad
\begin{array}{r}
17°\,23'\,12" \\
+\ 34°\,18'\,43" \\
\hline
\end{array}
$$

Los posibles resultados son: 45° 38' 38"   51° 41' 55"   62° 34' 9"

15. Elijan el resultado para cada una de las restas planteadas.

$\beta - \varphi$ $\qquad$ $\beta - \alpha$ $\qquad$ $\varphi - \alpha$

$$
\begin{array}{r}
34°\,18'\,43" \\
-\ 28°\,15'\,26" \\
\hline
\end{array}
\qquad
\begin{array}{r}
34°\,18'\,43" \\
-\ 17°\,23'\,12" \\
\hline
\end{array}
\qquad
\begin{array}{r}
28°\,15'\,26" \\
-\ 17°\,23'\,12" \\
\hline
\end{array}
$$

Los posibles resultados son: 16° 55' 31"   10° 52' 14"   6° 3' 17"

Para multiplicar un ángulo por un número natural, se deben multiplicar por ese número los grados, minutos y segundos. Si alguno de los productos es igual o supera los 60 segundos o los 60 minutos, se lo transforma en una unidad de orden inmediatamente superior.

$$
\begin{array}{r}
23°\ \ 22'\ \ 27" \\
\times\ \ \ \ \ \ \ \ \ \ 4 \\
\hline
92°\ \ 88'\ \ 108" \\
\end{array}
\longrightarrow \text{Pero } 108" = 1'\,48"
$$

$$
92°\ \ 89'\ \ 48" \longrightarrow \text{Pero } 89' = 1°\,29'
$$

$$
93°\ \ 29'\ \ 48"
$$

Para dividir un ángulo por un número natural, se dividen los grados por ese número. Se transforma el resto de la división en minutos multiplicando por 60, y se lo suma a los minutos que teníamos. Se dividen los minutos. Se transforma el resto de la división en segundos, multiplicando por 60, y se lo suma a los segundos que teníamos. Se dividen los segundos.

$$
\begin{array}{r|l}
49°\ 37'\ 25'' & \underline{\quad 5 \quad} \\
4° = \underline{240'} & 9°\ 55'\ 29'' \\
\ \ \ \ 277' & \\
\ \ \ \ \ \ 2' = \underline{120''} & \\
\ \ \ \ \ \ \ \ \ 145'' & \\
\ \ \ \ \ \ \ \ \ \ \ 0'' &
\end{array}
$$

16. Resuelvan los cálculos sabiendo que $\alpha = 29°\ 32'\ 18''$, $\beta = 42°\ 25'\ 56''$ y $\varphi = 17°\ 48'$.

a) $\alpha + \beta =$

b) $\alpha + \beta + \varphi =$

c) $3 \times \beta =$

d) $\alpha + \beta - \varphi =$

e) $2 \times \alpha + 3 \times \beta =$

f) $(\beta - \alpha) \times 4 =$

g) $\alpha : 2 =$

h) $\beta : 4 =$

i) $(\beta - \varphi) \times 3 =$

j) $(\varphi : 2) + \beta =$

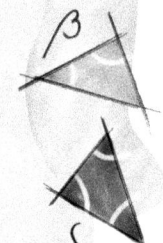

Clasificación de ángulos según su amplitud

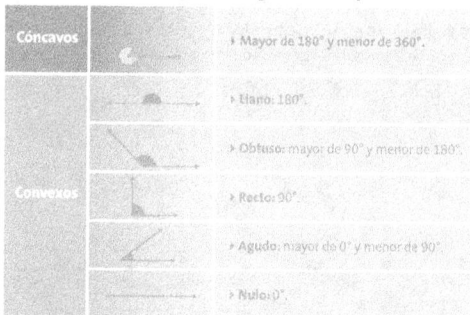

Cóncavos		▸ Mayor de 180° y menor de 360°.
Convexos		▸ Llano: 180°.
		▸ Obtuso: mayor de 90° y menor de 180°.
		▸ Recto: 90°.
		▸ Agudo: mayor de 0° y menor de 90°.
		▸ Nulo: 0°.

Ángulos complementarios y suplementarios

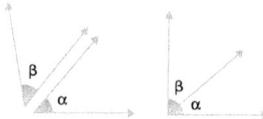

Cuando dos ángulos suman 90°, se dice que son complementarios.

Cuando dos ángulos suman 180°, se dice que son suplementarios.

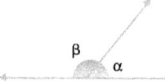

Cuando dos ángulos tienen el mismo vértice y un lado en común, son consecutivos. Si dos ángulos son consecutivos y suplementarios, se dice que son adyacentes.

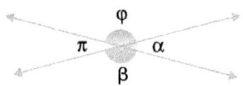

Dos rectas que se cortan determinan ángulos opuestos por el vértice. Los ángulos opuestos por el vértice son congruentes, es decir que tienen la misma amplitud.

17. ¿Cuál es el complemento de un ángulo de 57° 39′ 12″?

18. ¿Cuál es el suplemento de un ángulo de 42° 28′ 1″?

19. ¿Cuáles son el suplemento y el complemento de un ángulo de 72° 51′ 37″?

20. Sabiendo que φ = 32° 20′, completen observando el gráfico de ángulos opuestos por el vértice.

β =   por ser
α =   por ser
π =   por ser

Controlen con sus compañeros si todos obtuvieron el mismo resultado.
¿Todos usaron el mismo procedimiento para calcular los ángulos?

Bisectriz de un ángulo

La bisectriz de un ángulo es la semirrecta interior a este que lo divide en dos ángulos congruentes.

Trazado de una bisectriz

◈ Con centro en o, se traza un arco que corte los lados del ángulo en a y b.

◈ Con centros en a y b, y con un radio mayor que la mitad de $\overline{ab}$, se trazan dos arcos de circunferencia, determinando el punto d.

◈ Con la regla se traza una semirrecta con origen en o y que pase por el punto d.
$\overrightarrow{od}$ es la bisectriz de $\widehat{aob}$.

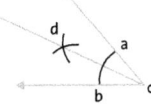

—⊙—◎—◇—

21. Tracen la bisectriz de los siguientes ángulos convexos.

22. Dibujen la bisectriz de un ángulo de 105° y resuelvan 105° : 2 =

23. Calculen el valor de β.

$\hat{\pi} = 7 . x + 8° \ 8' \ 48''$
$\hat{\alpha} = 9 . x - 1° \ 51' \ 12''$

bisectriz

Ángulos determinados por dos rectas cortadas por una transversal

Cuando dos rectas son cortadas por una transversal, determinan ocho ángulos.

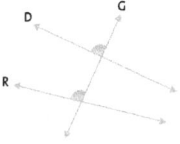

Ángulos correspondientes

Son los pares de ángulos ubicados en el mismo semiplano respecto de la transversal, uno interior y otro exterior, no adyacentes.

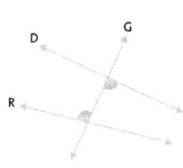

Ángulos alternos internos

Son los pares de ángulos internos ubicados en distintos semiplanos respecto de la transversal, no adyacentes.

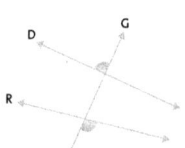

Ángulos alternos externos

Son los pares de ángulos externos ubicados en distintos semiplanos respecto de la transversal, no adyacentes.

Ángulos conjugados internos

Son los pares de ángulos internos ubicados en el mismo semiplano respecto de la transversal.

Ángulos conjugados externos

Son los pares de ángulos externos ubicados en el mismo semiplano respecto de la transversal.

Cuando las rectas son paralelas

Los pares de ángulos correspondientes y alternos son congruentes.

Los pares de ángulos conjugados son suplementarios.

24. Calculen el valor de los ángulos indicados. Justifiquen la respuesta.

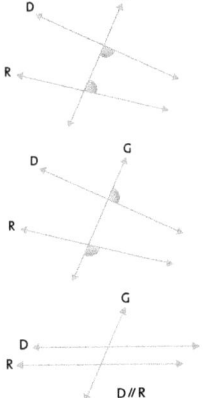

a)

A // B

β = 35° 26'

b)

R // S

μ = 123° 14' 16"

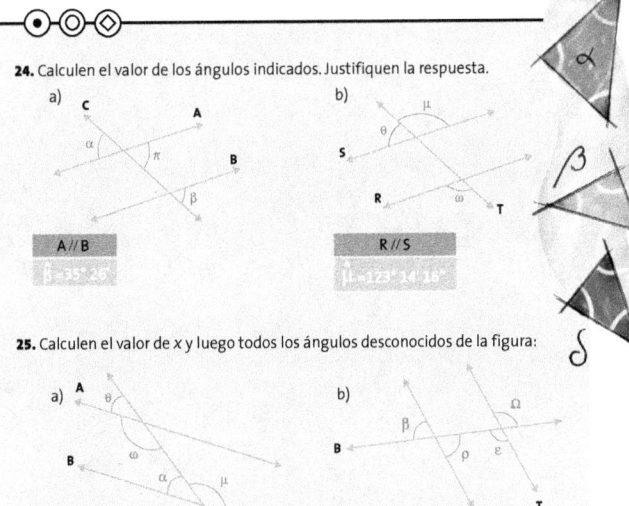

25. Calculen el valor de x y luego todos los ángulos desconocidos de la figura:

a)

B // A

α = 2 . x - 17° 7'

β = 8 . x - 143° 3'

b)

A // T

Ω = 5 . x + 18° 13'

β = 2 . x + 56° 47'

26. Dibujen la mediatriz de cada uno de los lados de los triángulos.

27. Construyan un paralelogramo y tracen la mediatriz de cada uno de los lados.
¿Qué relación existe entre las mediatrices?

28. Dibujen un ángulo de 60° y hallen su bisectriz.

29. Dibujen en las figuras las bisectrices de los ángulos obtusos.

30. Tracen un ángulo a partir de la bisectriz $\overline{ob}$.
a) ¿Todos trazaron el mismo ángulo?
b) ¿Qué conclusión pueden sacar?

o   b

31. a) El doble de θ es 84° 35' 18''. ¿Cuál es el valor de θ?

b) La mitad de β es 15° 59' 37''. ¿Cuál es el valor de β?

c) α es igual a 23° 10' 12'' más el doble de β. ¿Cuál es el valor de α?

32. a) Calculen el valor de los ángulos incógnita.

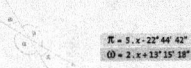

$$\overline{\pi} = 5 \cdot x - 22° 44' 42''$$
$$\omega = 2 \cdot x + 13° 15' 18''$$

b) Para cada uno de los ángulos que calcularon, rodeen con color la opción correcta:

ω es un ángulo:	llano	obtuso	recto	agudo
α es un ángulo:	llano	obtuso	recto	agudo
π es un ángulo:	llano	obtuso	recto	agudo
μ es un ángulo:	llano	obtuso	recto	agudo

33. Coloquen el símbolo de // ∠ ⊥ según corresponda:

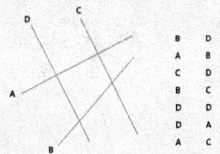

B	D
A	B
C	D
B	C
D	D
D	A
A	C

34. Calculen el complemento y el suplemento de cada uno de los siguientes ángulos:

ρ = 19° 25'   μ = 36° 17' 57"

ε = 43° 0' 20"   β = 67° 48' 33"

35. Completen con el valor necesario:

18° 57' 6" –   = 14° 43' 3"

3 . (17° 12' 32") +   = 79° 38' 3"

29° 16' 44" + 2 .   = 90°

36. Coloquen letras para nombrar las rectas y los ángulos, y busquen en el dibujo:

a) Rectas perpendiculares.   f) Ángulos correspondientes.
b) Rectas oblicuas.   g) Ángulos alternos internos.
c) Rectas paralelas.   h) Ángulos alternos externos.
d) Ángulos cóncavos.   i) Ángulos conjugados internos.
e) Ángulos convexos.   j) Ángulos conjugados externos.

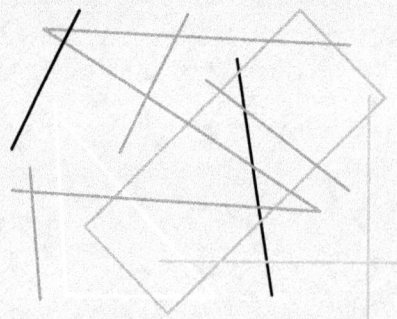

La arquitectura y su relación con la matemática

Para nosotros, ¿existe solo un espacio y es tridimensional? Ese es el que conocemos como espacio real, pero no es el único y menos aún desde el mundo matemático.

Hace más de sesenta años, Charles E. Jeanneret, arquitecto suizo (quien no tenía título universitario) y que mucho más adelante fue conocido con el apodo de Le Corbusier, dijo: "Tomar posesión del espacio es el primer gesto de los seres vivientes, de los hombres, de los animales y de las plantas (...). La primera prueba de existencia es ocupar el espacio".

Asimismo, este famoso idóneo definió la arquitectura como "el juego sabio y maravilloso de los volúmenes bajo la luz".

Desde la arquitectura, el hombre resuelve su necesidad de generar nuevos espacios a lo largo de la historia. Y en esa búsqueda, lo percibe artísticamente, define nuevas formas, surgen las proporciones, se materializan las figuras, se crea en todo momento. Así como también se concretan los volúmenes, en un proceso de ensayo y error, sin solución de continuidad.

Arquitecto Raúl Ferreira Centeno, "El croquis explorador".

Con mirada arquitectónica, se trata de descubrir también que, para un mismo cuerpo, conjunto de cuerpos o construcciones, existen distintos puntos de vista o perspectivas que nos harán construir diferentes significados.

Un punto, una línea, un plano y un cuerpo son elementos y piezas fundamentales en esta recreación mágica del espacio por parte de los arquitectos, en la que cada uno dejará su impronta característica desde esta tridimensión.

1. ¿Qué es para ustedes el espacio, a partir de lo planteado en el texto?

2. ¿Establecerán las mismas relaciones con el espacio un arquitecto, un albañil y un escultor? ¿Qué observará cada uno? ¿Por qué?

3. ¿Cuál es la relación entre la matemática y la arquitectura?

4. ¿Qué palabras conocían o recordaban del lenguaje matemático, nombradas en el texto?

punto • • vértice

FIGURA

segmento →

→ cara

→ arista

En el plano,
las aristas de los cuerpos
son segmentos,
los vértices son puntos
y las caras son figuras.

β

5. Indiquen cuáles de los siguientes cuerpos son poliedros y cuáles son rodantes.

6. Nómbrenlos y enumeren sus elementos: caras, aristas, vértices.

a)   b)   c)   d)   e)   f)

7. Coloquen **V** o **F** (verdadero o falso) según corresponda:

a) Una pirámide es un cuerpo rodante.

b) Las caras laterales de un prisma pentagonal son pentágonos.

c) Un cubo es un prisma.

d) Las bases de un cilindro son circunferencias.

e) Un cilindro tiene aristas.

8. En una caja cúbica caben exactamente 8 esferas de 3,5 cm de diámetro. ¿Cuál es la longitud de la arista de la caja?

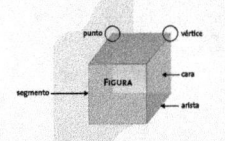

9. ¿Cuántos cubos hay en cada construcción? ¿Y en total?

Debajo de cada dibujo, expliquen cómo lo resolvieron.

Dibujen, en papel cuadriculado, las bases de cada construcción.

a) b) c) d)

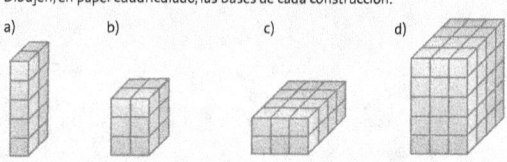

10. ¿A qué cuerpo pertenece este desarrollo?

Según la forma de su base: ¿es un poliedro o un cuerpo rodante?

Enumeren sus elementos.

11. Sebastián y Lautaro quieren construir una caja sin tapa de cartón cuya base sea de 18 cm por 32 cm y la altura sea de 10 cm.

a) ¿Cómo podrían construirla?

b) ¿Qué cantidad de cartón necesitan?

c) Si, además, quieren forrarla por dentro y por fuera, ¿cuánto papel necesitan?

d) Y si quisieran llenar la caja con cubitos de madera de 1 cm de arista, ¿cuántos necesitarían? Expliquen el procedimiento que usaron para averiguarlo.

e) Sebastián y Lautaro dibujaron estos posibles desarrollos de la caja. Marquen cuál es el que les sirve. Justifiquen por qué no sirven los demás.

Poliedros regulares

Los poliedros regulares son poliedros convexos (esto quiere decir que cualquier par de puntos ubicados en su interior determina un segmento de recta también interior), además poseen todas las caras idénticas (polígonos regulares), y todos los vértices reciben el mismo número de aristas.

Solo existen cinco tipos de poliedros regulares: tetraedro, hexaedro (cotidianamente llamado cubo), octaedro, icosaedro y dodecaedro. A los cinco poliedros regulares se los llama cuerpos platónicos. Así lo afirma Platón en el "Timeo", uno de sus diálogos, en el cual explica la construcción del universo y establece una asociación entre ellos y los elementos fundamentales de los que este está compuesto. Según sostenían los griegos, estaba hecho con átomos de agua, aire, tierra y fuego.

12. Completen las definiciones de estos cuerpos:

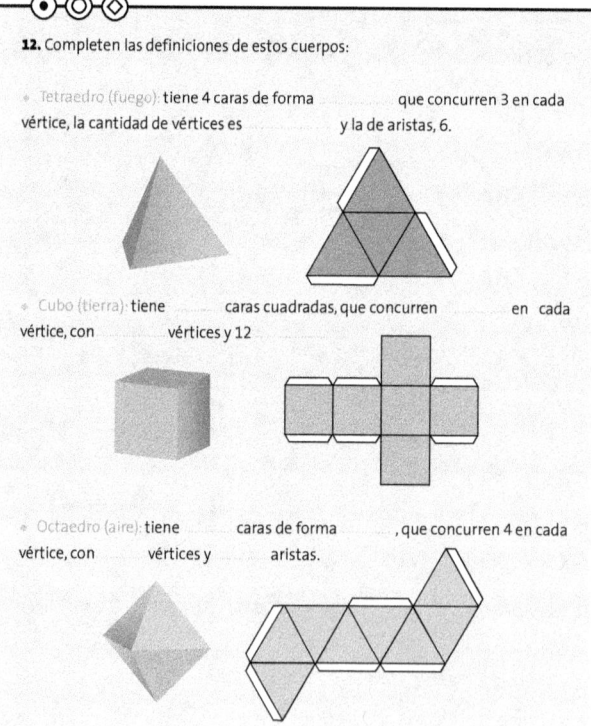

● Tetraedro (fuego): tiene 4 caras de forma _____ que concurren 3 en cada vértice, la cantidad de vértices es _____ y la de aristas, 6.

● Cubo (tierra): tiene _____ caras cuadradas, que concurren _____ en cada vértice, con _____ vértices y 12 _____

● Octaedro (aire): tiene _____ caras de forma _____, que concurren 4 en cada vértice, con _____ vértices y _____ aristas.

• Dodecaedro (modelo del universo): tiene ___ caras pentagonales regulares, que concurren 3 en cada vértice, con ___ vértices y ___ aristas.

 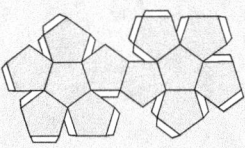

• Icosaedro (agua): tiene ___ caras triangulares que concurren 5 en cada vértice, con ___ vértices y ___ aristas.

 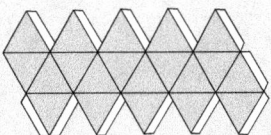

13. Elijan uno de los poliedros regulares, copien su desarrollo y ármenlo.

14. De los siguientes desarrollos, indiquen cuál o cuáles sirven para formar un cubo; si es necesario, cópienlos y constrúyanlos:

15. Construyan un cubo de 10 cm de arista con cartulina amarilla, y un cubo de 20 cm de arista con cartulina roja.

a) ¿Cuántos cubos como el amarillo caben en el cubo rojo?

b) ¿Qué relación hay entre las aristas de los cubos?

Relación de Euler

Leonhard Euler (1707-1783) fue un matemático suizo que, entre otros descubrimientos, halló la relación existente entre la cantidad de caras (C), vértices (V) y aristas (A) de los poliedros. Ella establece:

$$C + V = A + 2$$

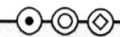

16. Verifiquen la relación de Euler utilizando los datos del ejercicio **12.**

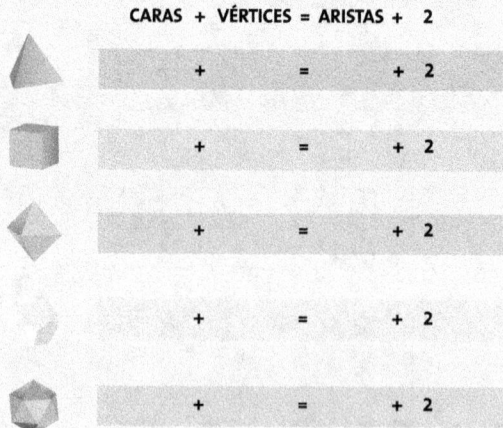

| CARAS | + | VÉRTICES | = | ARISTAS | + | 2 |

17. De los siguientes elementos de la vida cotidiana, indiquen a qué cuerpos geométricos se asemejan:

Clasificación de los cuerpos geométricos

● Poliedros: cuerpos geométricos que tienen todas sus caras planas.

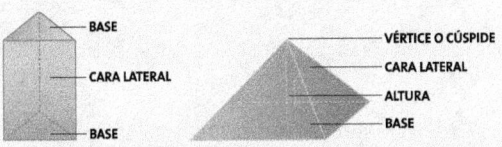

Recuerden que, en los prismas, las caras laterales son siempre paralelogramos y, en las pirámides, son siempre triángulos.

● Redondos: cuerpos geométricos que tienen por lo menos una cara no plana.

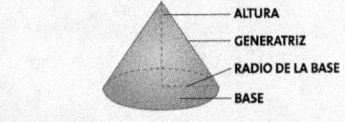

18. Construyan en cartulina un cilindro de 3 cm de radio de base y 10 cm de altura.

19. Una imprenta hace las etiquetas para una fábrica de latas de duraznos. Las medidas de las latas son 12 cm de diámetro y 20 cm de altura.

a) ¿Qué figura representan las etiquetas?

b) ¿Cuánto medirá cada etiqueta según el tamaño de la lata?

20. Copien el desarrollo del cuerpo del ejercicio **10** y construyanlo. ¿Cómo es su altura con respecto a su arista: mayor, menor o igual? ¿Por qué?

21. Se acomodan cajas con forma de prisma de base cuadrada.
El lado de la base mide 18 cm y el largo de la caja es de 32 cm.
¿Cuál es la menor cantidad de cajas que se deben colocar para que determinen un cubo?

22. Al cortar un cuerpo geométrico con un plano, obtenemos distintas figuras geométricas.

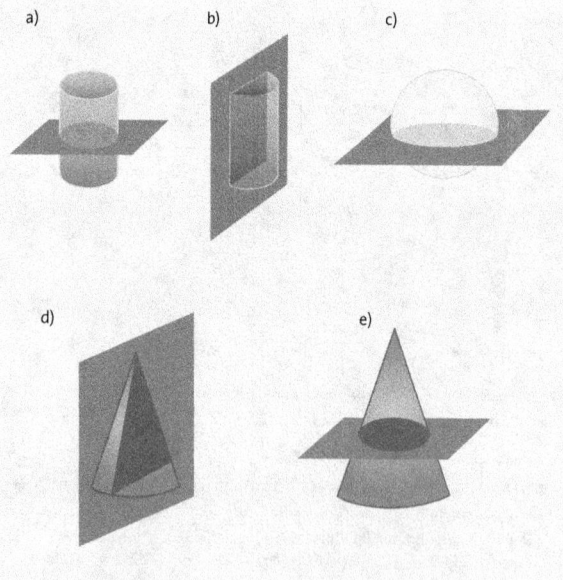

a)   b)   c)

d)   e)

Identifiquen con la letra correspondiente a qué corte corresponde cada figura.

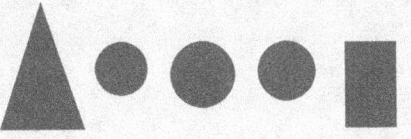

23. a) Construyan y recorten: un triángulo isósceles, un rectángulo y un círculo.

b) Peguen con cinta adhesiva un hilo a cada figura, siguiendo el siguiente procedimiento:

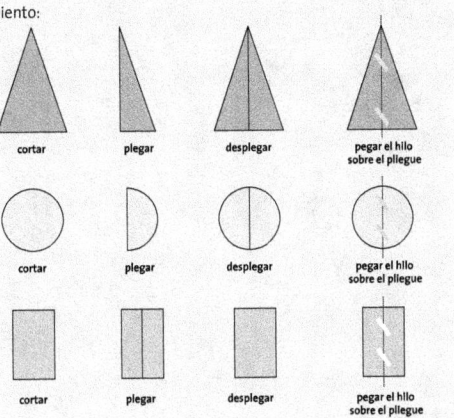

c) De una por vez, tomando el extremo del hilo, háganlas girar.

¿Qué cuerpos genera la rotación de cada figura? Comparen y completen:

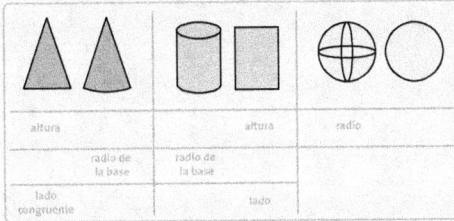

altura		altura	radio
	radio de la base	radio de la base	
lado congruente		lado	

24. a) Diseñen una caja que pueda contener 30 CD (teniendo en cuenta las tres dimensiones de la caja) dibujando el desarrollo del cuerpo para ella.
b) Comparen los diferentes diseños. ¿Todos tuvieron en cuenta las mismas medidas?

25. ¿Cuántos cubitos de 1 cm de lado necesitan para hacer un prisma de base cuadrada, cuyo lado de la base sea de 5 cm y la medida de la altura sea de 7 cm?

Un cuerpo geométrico con Origami

Origami es una palabra japonesa que significa "plegado de papel".
Estas son las instrucciones para construir una caja cúbica, también llamada bomba de agua, globo o pelota.

Materiales:
+ Una hoja de papel.
+ Una tijera.

Paso a paso:
I. Tomar la hoja de papel.
II. Doblar en ángulo la parte inferior izquierda como se indica abajo.

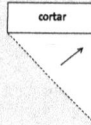

cortar

III. Marcar bien el pliegue formado. Cortar la parte
que sobra de modo que quede una hoja cuadrada.
IV. Volver a abrir la hoja. Plegar y marcar las líneas
de puntos. Desplegar y plegar varias veces hasta
que los dobleces queden bien flexibles.

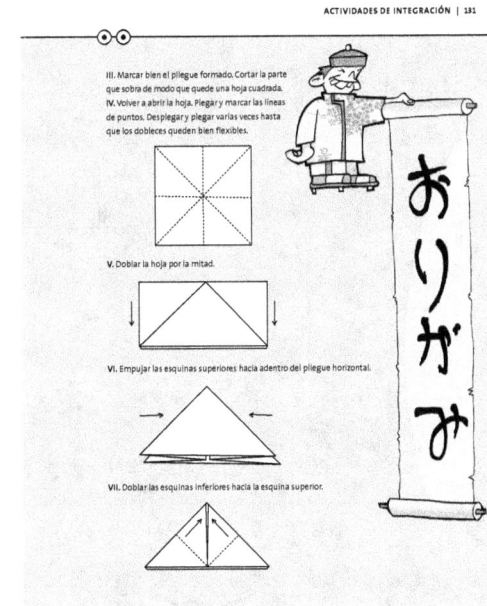

V. Doblar la hoja por la mitad.

VI. Empujar las esquinas superiores hacia adentro del pliegue horizontal.

VII. Doblar las esquinas inferiores hacia la esquina superior.

VIII. Luego doblar las puntas hacia el centro del pliegue.

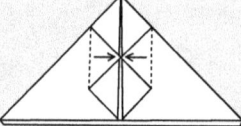

IX. Plegar hacia abajo las orejitas superiores y marcar bien. Inflar los pliegues para formar los bolsillos.

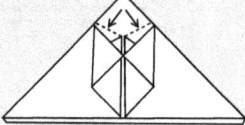

X. Dar vuelta el papel plegado y repetir los pasos **VI** y **VIII** con el otro lado.
XI. Soplar por la base para inflar la caja.

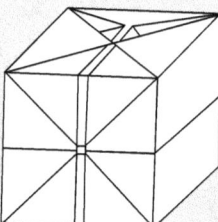

XII. Con cuidado, remarcar los pliegues para que quede la forma cúbica.

Geometría y magnitudes
Figuras geométricas

9

*Triángulos y cuadriláteros: elementos
y clasificación.
Polígonos regulares. Su inscripción en la
circunferencia.
Suma de los ángulos interiores y exteriores
de un polígono.
Construcción de polígonos regulares:
relación entre número de lados con
ángulos interiores y centrales.*

Un triángulo famoso

En la antigüedad, el río Nilo, el más largo del mundo, que recorre gran parte de Egipto, se desbordaba todos los años, inundando terrenos aledaños.

Gracias a esta creciente, al retornar las aguas a su cauce, dichas tierras se volvían muy fértiles, y por lo tanto, muy codiciadas para el cultivo por la gran cantidad de abono que quedaba depositado.

Para ello, los antiguos agricultores egipcios las subdividían. Y para hacerlo, debían marcar ángulos rectos en la tierra. Pero tenían un grave problema, no poseían instrumentos geométricos para hacerlo: ni escuadra, ni transportador.

¿Qué podían hacer, entonces, para dibujar los ángulos rectos en la tierra?

Los egipcios aplicaban una propiedad de los triángulos rectángulos y un método muy creativo. Este consistía en usar una soga o hilo, subdividida en 12 unidades o segmentos iguales.

Luego, con la ayuda de tres estacas en la tierra, colocaban la soga de manera que quedara determinado un triángulo rectángulo cuyos lados midieran 5, 4 y 3 unidades (de las marcadas en la soga).

Y así dividían el valioso terreno.

1. ¿Qué intentaban hacer los egipcios?

2. Dibujen en sus carpetas el método que utilizaban para repartir las tierras fértiles.

3. Averigüen cuál es la propiedad de los triángulos rectángulos que aplicaban intuitivamente.

4. a) Construyan un triángulo con los siguientes datos:

Lado **ab:** 4,5 cm   Lado **ac:** 5 cm   Lado **cb:** 6 cm

b) ¿Qué tipo de triángulo construyeron según sus lados?

5. Una de las ventanas de una casa tiene forma triangular y sus dos hojas tienen forma de triángulo rectángulo. La base de la ventana mide 1,20 m y la altura es de 0,60 m. Dibújenla.

6. Busquen imágenes de los siguientes cuerpos, observen sus caras y nombren qué figuras geométricas las forman:

- Prisma pentagonal
- Pirámide de base cuadrada
- Cubo
- Cilindro

7. Marina tenía una pajita y la cortó en partes de diferentes tamaños: una de 1 cm, otra de 3 cm, otra de 4 cm, otra de 6 cm y le quedó un parte más chica de 2 cm.

¿Con qué partes pudo armar triángulos? Dibujen todas las posibilidades de triángulos y luego clasifíquenlos según sus lados.

8. Dibujen en un papel un triángulo equilátero y marquen sus 3 ángulos interiores. Luego recorten esos ángulos y péguenlos en una hoja, de tal forma que queden consecutivos. ¿Cuál es la suma de los ángulos interiores?

9. Realicen lo mismo, pero con los ángulos exteriores de otro triángulo. ¿Cuál es la suma ahora?

10. Inventen un problema que se resuelva mediante la construcción de un triángulo equilátero de 3 cm de lado.

11. Observen el siguiente mosaico:

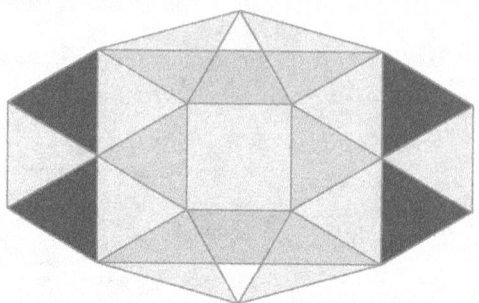

a) ¿Cuántos triángulos encuentran? Clasifíquenlos según sus lados.

b) ¿Cuántos rectángulos hallan?

c) ¿Cuántos cuadrados?

d) ¿Encuentran alguna figura cuyo nombre no conozcan? Dibújenla y, a lo largo del capítulo, la desarrollaremos.

Polígonos

Los polígonos son figuras formadas como mínimo por tres segmentos, a los que llamamos lados.

Polígonos cóncavos y convexos

Se llama polígonos convexos a aquellos en los que todo segmento determinado por dos puntos pertenecientes a él está incluido en dicho polígono.

Si un polígono posee por lo menos un segmento determinado por dos puntos pertenecientes a él que no está incluido dentro de este, se llama cóncavo.

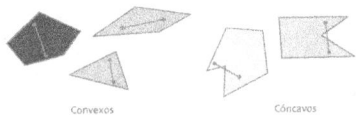

Convexos   Cóncavos

Elementos de un polígono

Los elementos de un polígono son: lado, diagonal, vértice y ángulo interior.

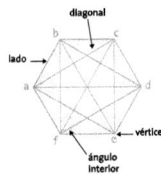

La suma de los ángulos interiores de un polígono es: $180° \times (n - 2)$, donde n es el número de lados.

Según la cantidad de lados, los polígonos se nombran de la siguiente manera:

Triángulo		3 lados
Cuadrilátero		4
Pentágono		5
Hexágono		6
Heptágono		7
Octógono		8
Eneágono o nonágono		9
Decágono		10
Endecágono		11
Dodecágono		12
Triskaidecágono		13
Tetradecágono		14
Pentadecágono		15
Hexadecágono		16
Heptadecágono		17
Octadecágono		18
Eneadecágono		19

12. ¿Cuál es la suma de los ángulos interiores de un triángulo?

13. ¿Cuál es la suma de los ángulos interiores de un decágono?

14. ¿Cuál es la suma de los ángulos interiores de un hexágono?

15. ¿Cómo calcularían, a partir de la fórmula anterior, el valor del ángulo interior de un hexágono?

16. ¿Cuál es el ángulo interior de un pentágono?

17. Escriban una fórmula para calcular el ángulo interior de cualquier polígono.

Ángulo exterior

β es un ángulo exterior de la figura.

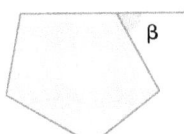

18. El ángulo exterior es _____ respecto del ángulo interior.

19. Sabiendo que la suma de los ángulos exteriores de un polígono convexo de n lados es 360°, ¿cuál será la fórmula para calcular el valor de cada ángulo exterior?

20. Calculen el ángulo interior y el exterior indicado de cada figura.

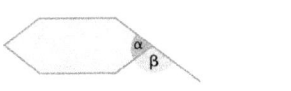

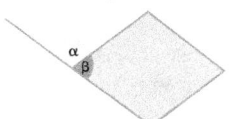

$\alpha = 5 \cdot x + 54° \ 25' \ 25''$
$\beta = 7 \cdot x + 53° \ 34' \ 35''$

$\alpha = 5 \cdot x + 37° \ 28' \ 42''$
$\beta = 2 \cdot x + 58° \ 31' \ 18''$

Circunferencia y círculo

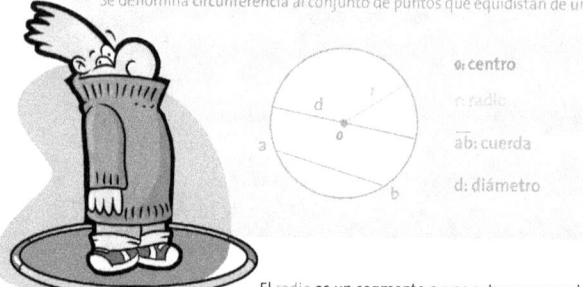

Se denomina circunferencia al conjunto de puntos que equidistan de un centro.

o: centro

r: radio

$\overline{ab}$: cuerda

d: diámetro

El radio es un segmento cuyos extremos son el centro de la circunferencia y cualquier punto de ella.

Al trazar cualquier segmento determinado por dos puntos de la circunferencia, se está dibujando una cuerda.

El diámetro queda determinado por la cuerda que contiene al centro de la circunferencia.

Se denomina círculo a la circunferencia y a todos los puntos del plano interiores a ella.

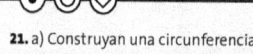

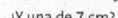

21. a) Construyan una circunferencia de 3 cm de radio.

b) ¿Cuál es su diámetro?

c) ¿Pueden dibujar una cuerda de 5 cm? ¿Y una de 7 cm?

Polígonos regulares

Son polígonos regulares aquellos que poseen todos sus lados iguales y sus ángulos interiores congruentes.

Al triángulo regular se lo llama ....

Al cuadrilátero regular se lo llama ....

Construcción de polígonos regulares

22. a) Tracen una circunferencia y dibujen uno de sus radios; utilizando ese radio como lado y el centro de la circunferencia como vértice, marquen un ángulo de 72°. A este ángulo lo llamaremos ángulo central.

b) Tomen con el compás la distancia entre los puntos **a** y **b** (a la que llamaremos cuerda) y trasládenla sobre la circunferencia de modo que cada cuerda sea consecutiva con la anterior.

 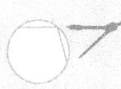 

c) ¿Cuántas cuerdas quedan determinadas?

d) ¿Cómo se llama el polígono que queda formado?

23. Repitan el procedimiento anterior pero marcando un ángulo central de 45°.

24. Completen la siguiente tabla de polígonos regulares.

N° de lados	Nombre	Ángulo central
3	Triángulo	120°
4	Cuadrado	
5		
	Hexágono	
7		
8		
	Eneágono	
10		
11		
	Dodecágono	

25. La expresión para calcular el ángulo central está dada por:

Ángulo central =

26. Para cada uno de los siguientes polígonos regulares, indiquen y calculen un ángulo central, un ángulo interior y un ángulo exterior.

Nombre del polígono regular			
Ángulo interior			
Ángulo exterior			
Ángulo central			

27. Escriban las instrucciones para construir cada uno de los siguientes polígonos, utilizando los instrumentos de geometría.

a) Un triángulo equilátero.
b) Un cuadrado.
c) Un pentágono regular.
d) Un hexágono regular.

28. Para construir un hexágono regular de 7 cm de lado, ¿cuál debe ser el radio de la circunferencia auxiliar? Constrúyanlo en sus carpetas.

Clasificación de triángulos

Los triángulos tienen tres lados, tres ángulos y tres vértices.

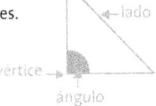

Según sus lados o sus ángulos, los triángulos reciben diferentes nombres.

Según sus lados	**Isósceles**	Tiene dos o tres lados congruentes.
	Equilátero	Es un caso particular de los isósceles. Tiene sus tres lados congruentes.
	Escaleno	Tiene sus tres lados desiguales.
Según sus ángulos	**Rectángulo**	Tiene un ángulo recto.
	Acutángulo	Tiene los tres ángulos agudos.
	Obtusángulo	Tiene un ángulo obtuso.

29. Para cada uno de los siguientes triángulos, subrayen con color la clasificación que le corresponde.

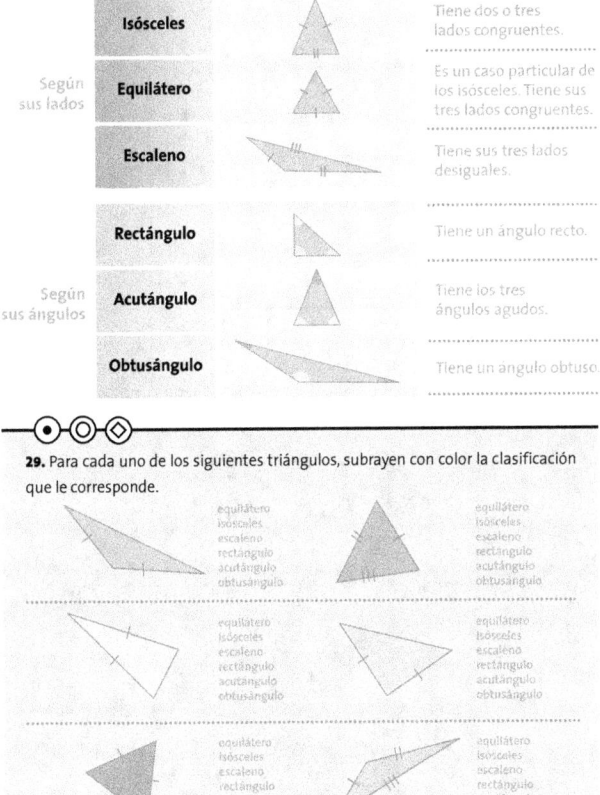

equilátero
isósceles
escaleno
rectángulo
acutángulo
obtusángulo

equilátero
isósceles
escaleno
rectángulo
acutángulo
obtusángulo

equilátero
isósceles
escaleno
rectángulo
acutángulo
obtusángulo

equilátero
isósceles
escaleno
rectángulo
acutángulo
obtusángulo

equilátero
isósceles
escaleno
rectángulo
acutángulo
obtusángulo

equilátero
isósceles
escaleno
rectángulo
acutángulo
obtusángulo

30. Con los datos indicados, dibujen en sus carpetas los triángulos y clasifíquenlos según sus lados y sus ángulos.

a) 6 cm; 4 cm; 4 cm

b) 8 cm; 8 cm; 8 cm

c) 2 cm; 2 cm; 4 cm

d) 7 cm; 9 cm; 5 cm

e) 5 cm; 3 cm; 2 cm

f) 5 cm; 12 cm; 13 cm

g) 10 cm; 3 cm; 4 cm

h) 8 cm; 6 cm; 10 cm

i) 5 cm; 5 cm; 5 cm

¿Pudieron dibujar todos los triángulos? Discutan en qué casos no pudieron harcerlo.

31. Escriban entre todos la propiedad que justifica la posibilidad de construcción de triángulos.

Teorema de Pitágoras

En todo triángulo rectángulo, el área del cuadrado que puede construirse sobre la hipotenusa es igual a la suma de las áreas de los cuadrados que pueden construirse sobre los catetos.

$$H^2 = A^2 + B^2$$

Para un triángulo rectángulo de 5 cm de hipotenusa, 4 cm y 3 cm de catetos:

$$5^2 = 4^2 + 3^2$$
$$25 = 16 + 9$$

32. Calculen los lados que faltan en los siguientes triángulos rectángulos.

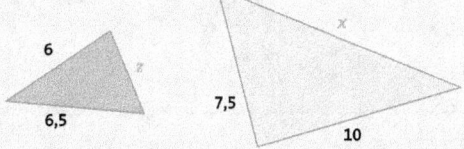

33. Relean **CONCENTRADOS EN LA LECTURA** y analicen el método utilizado por los egipcios.

34. Froilán tiene un terreno rectangular de 28 m por 21 m. Construyó una valla siguiendo la diagonal del terreno. ¿Cuántos metros de valla utilizó?

35. Calculen la medida de los lados congruentes de un triángulo isósceles, sabiendo que su base mide 4 cm y la altura correspondiente a ella es de 6 cm.

36. Dadas las medidas en centímetros de los lados de tres triángulos, indiquen cuáles de ellos son rectángulos. Expliquen la respuesta.

  a) 6; 7,5; 4,5
  b) 4; 8; 5
  c) 5; 13; 12

37. Una antena de 20 m de altura se encuentra sujeta desde su extremo superior por un cable de 35 m y el otro extremo del cable está extendido y anclado al piso. Calculen la distancia existente entre la base de la antena y el extremo del cable que la sujeta al piso.

38. Construyan una figura como la siguiente y calculen el valor de los radios de ambas circunferencias, sabiendo que el triángulo es equilátero de 6 cm de lado.

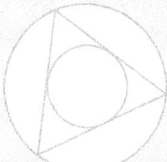

Clasificación de cuadriláteros

Los cuadriláteros tienen cuatro lados, cuatro ángulos, cuatro vértices y dos diagonales.

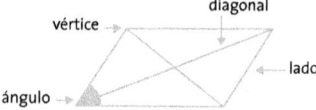

Según sean las propiedades de sus lados y sus ángulos, los cuadriláteros reciben distintos nombres.

- **Paralelogramo.** Tiene los lados opuestos paralelos e iguales.

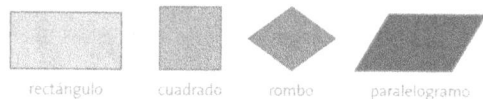

rectángulo   cuadrado   rombo   paralelogramo

- **Trapecio.** Tiene, por lo menos, un par de lados paralelos.

trapecio   trapecio rectángulo   trapecio isósceles

- **Rombo.** Tiene sus cuatro lados iguales.

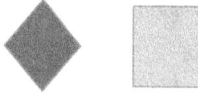

- **Romboide.** Tiene dos pares de lados consecutivos iguales.

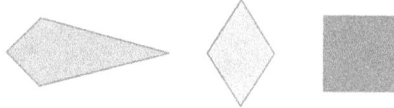

◆ **Cuadrado.** Tiene sus cuatro lados y sus cuatro ángulos iguales.

◆ **Rectángulo.** Tiene sus cuatro ángulos iguales.

39. Para los siguientes dibujos, indiquen la cantidad de figuras de cada tipo que se forman.

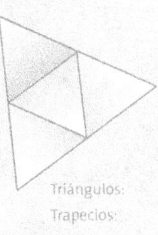

Triángulos:
Trapecios:
Rombos:

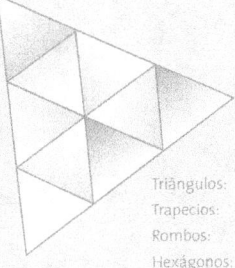

Triángulos:
Trapecios:
Rombos:
Hexágonos:

40. La siguiente figura está formada por 5 cuadrados, 1 grande y 4 chicos. Muevan 4 fósforos para que queden formados 3 cuadrados chicos, sin que sobre ningún fósforo.

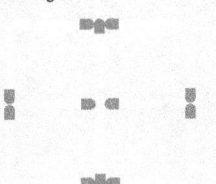

41. Si a un pentágono regular se le trazan todas sus diagonales, ¿cuántos triángulos quedan determinados? ¿Y cuántos cuadriláteros?

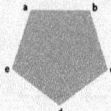

42. Sabiendo que la suma de los ángulos interiores de cualquier cuadrilátero es de ; completen los ángulos que faltan:

β = 32° 27' 52"

μ =

ω =

θ =

ε =

ρ = 57° 51' 29"

Ω =

43. Coloquen **V** (verdadero) o **F** (falso) según corresponda y justifiquen su respuesta:

a) Todos los cuadrados son rectángulos.

b) Todos los rectángulos son cuadrados.

c) Todos los triángulos equiláteros son isósceles.

d) Todos los triángulos isósceles son equiláteros.

e) Un rombo tiene dos pares de lados opuestos paralelos.

f) Un octógono tiene ocho lados iguales y es polígono regular.

g) La suma de los ángulos interiores de un rombo es de 520°.

44. De un pedazo cuadrado de papel de 20 cm de lado, se recorta el mayor círculo posible. ¿Cuál es el valor de su diámetro?

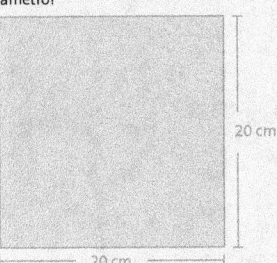

45. De un círculo de 10 cm de radio, se recorta el mayor cuadrado posible. ¿Cuál es el valor de su lado?

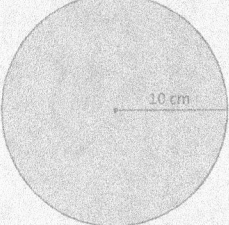

46. Construyan en una hoja lisa, utilizando regla, transportador y compás, los siguientes polígonos regulares:

a) Un cuadrado de 6 cm de lado.
b) Una circunferencia de 6 cm de diámetro.
c) Un triángulo escaleno, cuyos lados midan 3, 4 y 6 cm, respectivamente.
d) Un pentágono de 4 cm de lado.

47. Micaela y Yésica dicen que pueden medir los ángulos formados por la diagonal y el lado de todos los rectángulos, solo necesitan recortarlos y plegarlos. Aclaran que no usan el transportador.

Construyan y recorten distintos rectángulos, e indiquen si es posible en todos los casos comprobar lo que las chicas dicen.

48. a) Construyan los cuadriláteros con los datos de cada figura:

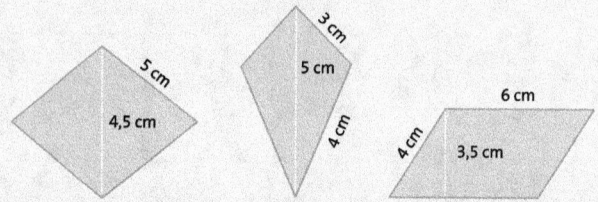

b) Utilizando el transportador, midan los ángulos interiores de cada una de las figuras construidas.

49. Calculen la altura de un triángulo equilátero de 8 cm de lado.

50. Calculen el valor de todos los ángulos que faltan.

a)

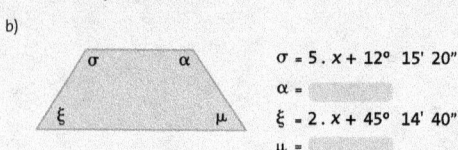

trapecio isósceles

ξ =

μ =

φ =

λ =

θ =

σ = 105° 13'

ω =

π =

β =

α =

Ω =

ρ =

b)

$\sigma = 5 . x + 12° \ 15' \ 20''$

α =

$\xi = 2 . x + 45° \ 14' \ 40''$

μ =

c)

$\theta = 4 . x + 47° \ 16' \ 32''$

$\sigma = 6 . x + 21° \ 46' \ 32''$

π =

β =

Geometría y magnitudes

Magnitudes: perímetro, área y volumen

10

Unidades de medida: estimación y medición.
Pasaje a unidades de diferente orden.
Cálculo del perímetro de diferentes figuras.
Área: concepto. Cálculo del área.
Independencia entre la variación del perímetro y del área.
Volumen: concepto. Cálculo del volumen.

¿Error multimillonario? La importancia de la precisión en las medidas

Los radiotelescopios de la Red de Comunicación y Rastreo de Sondas Interplanetarias de la NASA están llevando a cabo un último registro de las inmediaciones de Marte tratando desesperadamente de recuperar la nave.

La nave citada es el Mars Climate Orbiter, un satélite meteorológico que la NASA envió a Marte para estudiar los fenómenos atmosféricos de ese planeta. Después de 10 meses de viaje desde la Tierra, el satélite debería haberse puesto en órbita a 200 kilómetros de altura sobre la superficie de Marte. Dos días antes de la maniobra, los instrumentos de navegación indicaban que la trayectoria de la nave la llevaría más bien a una altura de 150 kilómetros, una diferencia aceptable.

Pero el Mars Climate Orbiter pasó a solo 60 kilómetros de la superficie. A esa altura, la fricción con la atmósfera del planeta empezó a sacudir y calentar el aparato. La nave se hizo pedazos y en instantes fue una estrella fugaz que surcó el cielo marciano.

¿Qué fue lo que pasó? Un programa informático, encargado de controlar una de las maniobras de corrección de curso que hizo el satélite antes de llegar a Marte, estaba diseñado para hacer cálculos con unidades de medida del sistema inglés. La NASA había pedido al fabricante que usara el sistema métrico.

La confusión de unidades de medida le costó a la NASA 125 millones de dólares... además de la vergüenza.

Adaptación de una noticia de la BBC de Londres, 24/9/99

1. ¿Cuál es el error que menciona el artículo?

2. ¿Cuáles son las diferencias entre el sistema inglés y el sistema métrico?

3. Para ustedes, ¿se trata de un error tecnológico o humano? Justifiquen su respuesta.

4. En una habitación cuadrada hay un total de 169 mosaicos de 20 cm x 20 cm. ¿Cuánto mide el lado de la habitación?

5. ¿Cómo se pueden traer de un río exactamente 6 litros de agua si sólo se dispone de 2 recipientes: uno de 4 litros y otro de 9 litros?

6. Soledad necesita correr 5 km por día para entrenarse. Si el circuito de la plaza de su barrio mide 350 m, ¿cuántas vueltas deberá dar?

7. En una caja hay doce fichas cuadradas de 1 cm de lado. Seis son verdes y seis son azules. Paula arma y desarma figuras sobre la mesa. ¿Cuántos rectángulos distintos de 10 cm de perímetro puede formar?

8. Calculen mentalmente:
a) ¿Cuántos metros de largo mide aproximadamente una cuadra, es decir, el lado de una manzana?
b) ¿Cuántos metros cuadrados mide una manzana?
c) ¿Es cierto que una manzana mide una hectárea?
d) Si dan una vuelta a la manzana, el recorrido que hicieron ¿es el perímetro o el área?
e) Si la manzana se cubre con panes de césped, ¿lo que se cubre es el perímetro o el área?

9. Reduzcan a metros las siguientes medidas y luego ordénenlas de menor a mayor.
3,61 dam   245 dm   2550 cm   0,0250 km   29550 mm

10. Un terreno rectangular de 100 m de largo se reparte entre dos hermanos en dos lotes iguales, separados por una franja de 4 metros de largo como muestra el dibujo.
Se cerca con un alambre que cuesta $ 4 el metro.
El gasto total es de $ 1248.

a) ¿Cuál es el largo y el ancho de cada lote?
b) ¿Cuál es el perímetro de cada uno?
c) ¿Cuál es el perímetro de todo el terreno?
d) ¿Cuál es el perímetro de la franja que separa los dos terrenos?

4 m

100 m

11. Escriban una definición de perímetro a partir de lo que necesitaron emplear para obtener las medidas de los terrenos.

12. Calculen el perímetro de cada una de las siguientes figuras:

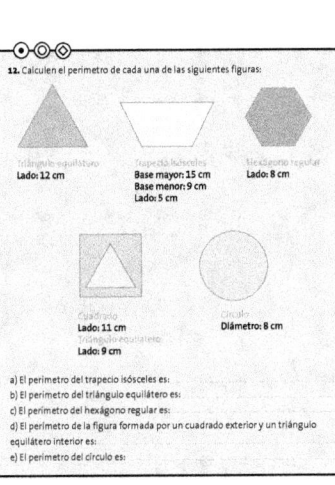

Triángulo equilátero
Lado: 12 cm

Trapecio isósceles
Base mayor: 15 cm
Base menor: 9 cm
Lado: 5 cm

Hexágono regular
Lado: 8 cm

Cuadrado
Lado: 11 cm
Triángulo equilátero
Lado: 9 cm

Círculo
Diámetro: 8 cm

a) El perímetro del trapecio isósceles es:
b) El perímetro del triángulo equilátero es:
c) El perímetro del hexágono regular es:
d) El perímetro de la figura formada por un cuadrado exterior y un triángulo
equilátero interior es:
e) El perímetro del círculo es:

Cálculo de perímetro

Para las cuatro primeras figuras, calcular el perímetro es sumar las longitudes de los lados.

En la última figura, el círculo, esto no se puede hacer porque no hay lados para sumar. Para hallar su perímetro, pueden proceder de la siguiente manera:

Construyan una circunferencia de 8 cm de diámetro, tomen un hilo y colóquenlo sobre el contorno de la circunferencia; marquen cuánto hilo necesitaron para todo el contorno, estírenlo y midan su longitud.

Esa es la longitud de la circunferencia, es decir, el perímetro del círculo.

13. Construyan tres círculos de distintas medidas obtengan sus perímetros. Luego completen y realicen los cocientes:

$$\frac{\text{Perímetro de la circunferencia}}{\text{Diámetro de la circunferencia}} = \underline{\hspace{3cm}} = \underline{\hspace{3cm}}$$

$$\frac{\text{Perímetro de la circunferencia}}{\text{Diámetro de la circunferencia}} = \underline{\hspace{3cm}} = \underline{\hspace{3cm}}$$

$$\frac{\text{Perímetro de la circunferencia}}{\text{Diámetro de la circunferencia}} = \underline{\hspace{3cm}} = \underline{\hspace{3cm}}$$

a) ¿Qué valor obtuvieron?
b) Comparen el resultado con sus compañeros.
c) Investiguen acerca del número obtenido.

14. Escriban una fórmula que se puede utilizar para calcular el perímetro de una circunferencia en función de su diámetro:

15. Calculen el perímetro de las siguientes figuras:

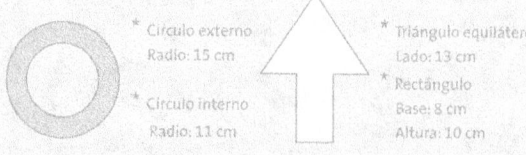

* Círculo externo
  Radio: 15 cm

* Círculo interno
  Radio: 11 cm

* Triángulo equilátero
  Lado: 13 cm

* Rectángulo
  Base: 8 cm
  Altura: 10 cm

SIMELA

¿Qué es medir?

Medir es comparar con un patrón establecido como referencia. Todo lo que puede medirse recibe el nombre general de magnitud. Desde la antigüedad, el hombre se vio en la necesidad de crear unidades que resultaran comunes a los diferentes países. Surgió así el sistema internacional de medidas: SI, cuya misión es establecer reglas de carácter universal para las distintas unidades, sus múltiplos y submúltiplos.

El SIMELA (sistema métrico legal argentino) acepta y toma las unidades, múltiplos y submúltiplos del SI (sistema internacional). Se tiene así un sistema único.

Las unidades de medida son:

- de longitud,
- de área,
- de volumen,
- de masa,
- de capacidad.

Unidades de longitud

La unidad fundamental de longitud es el metro.

Inicialmente fue definido como la diezmillonésima parte de la distancia que separa el Polo, del ecuador terrestre. Se construyó un ejemplar estándar en platino iridio que se encuentra en la oficina de medidas de París, a una temperatura ideal de 20 °C, y se lo llama metro patrón. Se hicieron copias que se repartieron entre los países que suscribieron ese estándar (Inglaterra no lo hizo).

Para medir longitudes mayores o menores que un metro, se utilizan múltiplos y submúltiplos respectivamente.

Decámetro	dam	Decímetro	dm
Hectómetro	hm	Centímetro	cm
Kilómetro	km	Milímetro	mm

km	hm	dam	m	dm	cm	mm
0,001	0,01	0,1	1	10	100	1000

x 10 entre cada columna

1 m = 10 dm = 100 cm = 1000 mm

●─◎─◇

16. Hallen las equivalencias y resuelvan en la unidad indicada.

9,318 hm – 2243 dm + 41,8 dam – 525,8 cm = _____ m

17. Sabiendo que:

$\overline{cd}$ = 0,08 m

$\overline{bc}$ = 12 cm

f es punto medio de $\overline{ad}$

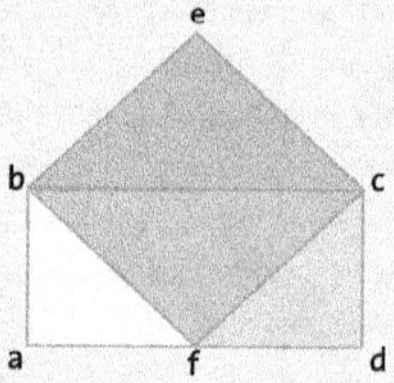

Calculen el perímetro de los triángulos **abf** y **fbc**, y de los rectángulos **becf** y **abcd**.

18. Una figura está formada por dos fichas cuadradas de 7 dm de lado y dos fichas triangulares. ¿Cuál es el perímetro de la figura en dam?

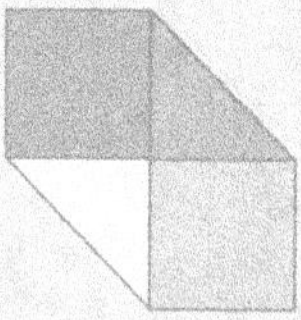

19. Utilizando como unidad de medida: ☐
Indiquen cuántos de ellos se necesitan para cada figura:

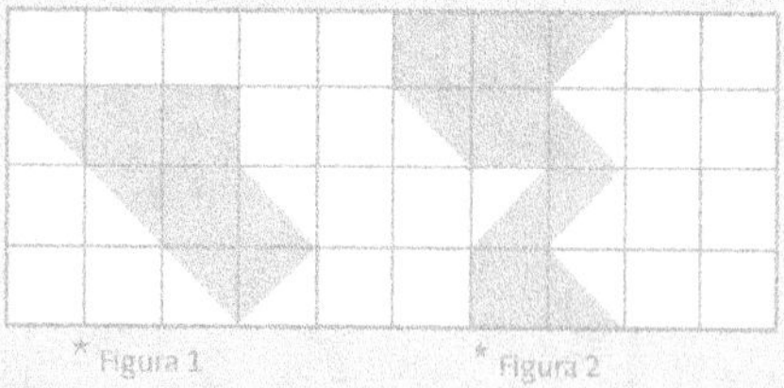

Figura 1   Figura 2

Para la figura 1 se necesitaron ☐

Para la figura 2 se necesitaron ☐

Área

El valor obtenido para cada figura del ejercicio anterior es su área.

El área es la medida de la superficie que ocupa una figura.

Para medir superficies, la unidad fundamental de medida es el metro cuadrado, o sea, la superficie de un cuadrado de un metro de lado.

Para medir superficies mayores o menores que un metro cuadrado, se utilizan múltiplos y submúltiplos.

Decámetro cuadrado	dam²		Decímetro cuadrado	dm²
Hectómetro cuadrado	hm²		Centímetro cuadrado	cm²
Kilómetro cuadrado	km²		Milímetro cuadrado	mm²

En las medidas de superficie las unidades se agrupan de 100 en 100.

× 100 × 100 × 100 × 100 × 100 × 100

km²	hm²	dam²	m²	dm²	cm²	mm²
0,000001	0,0001	0,01	1	100	10.000	1.000.000

: 100 : 100 : 100 : 100 : 100 : 100

1 m² = 100 dm² = 10.000 cm² = 1.000.000 mm²

20. Para alfombrar una habitación de 12,50 m de largo por 5,50 m de ancho, se decidió comprar una alfombra que cuesta $ 34,5 el m². ¿Cuánto costará alfombrar la habitación?

21. Calculen en m² el área de un cuadrado que tiene un perímetro de:

a) 25 dm

b) 740 m

c) 98 dm

d) 424 m

En el siguiente cuadro se indican las fórmulas para calcular el perímetro y el área de algunas figuras.

Figura	Perímetro	Área
* Triángulo l_1 l_2 h b	$b + l_1 + l_2$	$\dfrac{b \cdot h}{2}$
* Cuadrado l	$4 \cdot l$	l^2
* Rectángulo h b	$2 \cdot (b + h)$	$b \cdot h$
* Paralelogramo h l b	$2 \cdot (b + l)$	$b \cdot h$
* Rombo D d l	$4 \cdot l$	$\dfrac{D \cdot d}{2}$

Figura	Perímetro	Área
* Romboide	$2 \cdot (l_1 + l_2)$	$\dfrac{D \cdot d}{2}$
* Trapecio	$b + B + l_1 + l_2$	$\dfrac{(B + b) \cdot h}{2}$
* Polígono regular (n lados)	$n \cdot l$	$\dfrac{n \cdot l \cdot ap}{2}$
* Círculo	$2 \cdot \pi \cdot r$	$\pi \cdot r^2$
* Corona circular	$2 \cdot \pi \cdot (r + R)$	$\pi \cdot (R^2 - r^2)$
* Sector circular	$\dfrac{2 \cdot \pi \cdot r \cdot \hat{\alpha}}{360°} + 2 \cdot r$	$\dfrac{\pi \cdot r^2 \cdot \hat{\alpha}}{360°}$

22. Calculen el perímetro y el área de las siguientes superficies:

A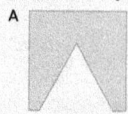

B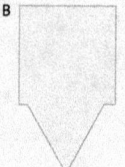

* Cuadrado de 6 dm de lado.
* Triángulo equilátero de 5 dm de lado.

C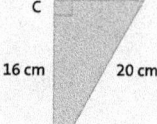

12 cm

16 cm   20 cm

D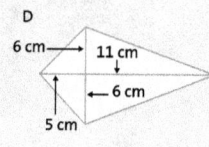

6 cm ⟶   11 cm

⟵ 6 cm

5 cm

E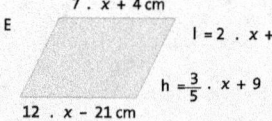

7 . x + 4 cm

$l = 2 . x + 5$

$h = \dfrac{3}{5} . x + 9$

12 . x − 21 cm

23. Se modifica al rectángulo **abcd** de diferentes maneras, coloquen si el perímetro y el área: **aumentan, disminuyen** o **no varían**, según corresponda.

a   b

c   d

Área   Perímetro

Volumen

Se denomina volumen a la medida del espacio que ocupa un cuerpo.

Utilizando como unidad de medida:

podemos observar qué cantidad de ellos se necesitan para cada caja:

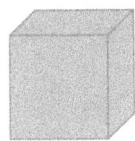 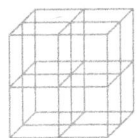

Se necesitan .... unidades cúbicas.

 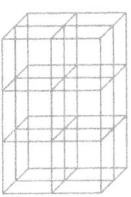

Se necesitan .... unidades cúbicas.

Unidades de volumen

La unidad fundamental de volumen es el metro cúbico, o sea, el volumen de un cubo de 1 m de arista. Para medir volúmenes mayores o menores que un metro cúbico, se utilizan múltiplos y submúltiplos.

Diámetro cúbico	dam³	Decímetro cúbico	dm3
Hectómetro cúbico	hm³	Centímetro cúbico	cm3
Kilómetro cúbico	km³	Milímetro cúbico	mm

En las medidas de volumen, las unidades se agrupan de 1000 en 1000.

x 1.000	x 1.000	x 1.000	x 1.000	x 1.000	x 1.000
km3	hm3	dam3	m3	dm3	cm3	mm3
0,000000001	0,000001	0,001	1	1.000	1.000.000	1.000.000.000
: 1.000	: 1.000	: 1.000	: 1.000	: 1.000	: 1.000

En el siguiente cuadro se indican las fórmulas para calcular el volumen y el área lateral de algunos cuerpos.

Cuerpo	Área lateral	Volumen
* Prisma regular recto 	n: Cantidad de lados Al: Área lateral Ab: Área de las bases $Al = n \cdot l \cdot h$ $A = Al + 2 \cdot Ab$	$Ab \cdot H$
* Pirámide regular 	n: Cantidad de lados Al: Área lateral Ab: Área de las bases $Al = n \cdot \dfrac{l \cdot hc}{2}$ $A = Al + Ab$	$\dfrac{1}{3} \cdot Ab \cdot h$
* Cilindro circular recto 	$A = 2 \cdot \pi \cdot r \cdot h + 2 \cdot p \cdot r^2$	$\pi \cdot r^2 \cdot h$
* Cono recto circular 	$L = \dfrac{2 \cdot \pi \cdot r \cdot \hat{\alpha}}{360°}$ $Asc = \dfrac{L \cdot g}{2}$ $Ab = \pi \cdot r^2$ $A = Asc + Ab$	$\dfrac{1}{3} \cdot \pi \cdot r^2 \cdot h$
* Esfera 	$A = 4 \cdot \pi \cdot r^2$	$\dfrac{4}{3} \cdot \pi \cdot r^3$

Resuelvan en la carpeta

24. Un ascensor tiene las siguientes dimensiones: 1,5 m de ancho, 2,2 m de alto y 1,5 m de largo. Se sabe que una persona consume 11 litros de aire por minuto. Si 3 personas quedan atrapadas en el interior de este ascensor, ¿para cuánto tiempo les alcanzará el aire?

25. Un barril repleto de cerveza tiene un volumen de 85 dm. ¿Cuántas botellas de $\frac{1}{4}$ se podrán llenar en total?

26. Para el cumpleaños de Julieta, Verónica quiere decorar 10 cilindros de 4 cm de radio y 8 cm de altura con papel fantasía.
¿Cuánto papel necesita para cada cilindro? ¿Y en total?

27. Justifiquen o refuten la siguiente afirmación:
"Si dos cuerpos tienen el mismo volumen, entonces tienen la misma forma".

Otras unidades del SIMELA
Unidades de masa

La unidad fundamental de masa es el gramo.

Para medir masas mayores o menores que un gramo, se utilizan múltiplos y submúltiplos.

Decagramo	kg	Decigramo	dg
Hectogramo	hg	Centigramo	cg
Kilogramo	dag	Miligramo	mg

kg	hg	dag	g	dg	cg	mg
0,001 g	0,01 g	0,1 g	1 g	10 g	100 g	1000 g

1 g = 1000 g = 10⁰ g = 1000 mg

Para medir masas muy grandes, la unidad utilizada es la tonelada.

$$1 \, t = 1000 \, kg$$

Unidades de capacidad

Para medir capacidades mayores o menores que un litro, se utilizan múltiplos y submúltiplos.

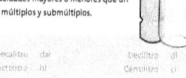

Decalitro	dal			Decilitro	dl	
Hectolitro	hl			Centilitro	cl	
Kilolitro	kl			Mililitro	ml	

kl	hl	dal	l	dl	cl	ml
0,001 l	0,01 l	0,1 l	1 l	10 l	100 l	1000 l

Medidas agrarias

ha²	dam²	m²
hectárea	área	centiárea

Unidades de equivalencia para el agua

Volumen	Capacidad	Masa
1 ml	1 cm³	1 g
1 l	1 dm³	1 kg
1 kl	1 m³	1 t

28. Calculen el perímetro de la siguiente figura:

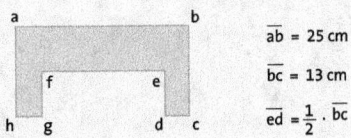

$$\overline{ab} = 25 \text{ cm}$$

$$\overline{bc} = 13 \text{ cm}$$

$$\overline{ed} = \frac{1}{2} \cdot \overline{bc}$$

29. Dibujen en sus carpetas una figura con un triángulo y un rectángulo cuya altura sea igual.

a) Calculen el área de dicha figura.

b) Dupliquen la altura del triángulo.

c) ¿Qué área tiene ahora la figura?

d) Reduzcan dicha altura a la mitad y vuelvan a calcular el área.

e) Compartan las conclusiones con sus compañeros.

30. El patio de la escuela mide 46 m por 22 m. Se decide cubrirlo con baldosones cuadrados de 50 cm, de dos colores, blanco y negro, de la siguiente manera:

El contorno será negro.

Después alternan dos hileras de baldosones con diferente distribución:

- Un hilera lleva dos blancos y uno negro hasta llegar al otro extremo del contorno.
- La otra hilera lleva dos baldosones negros y uno blanco hasta llegar al otro extremo.

Este diseño se repite hasta cubrir todo el patio.

a) Aplicando este diseño, ¿cuántos baldosones de cada color se usaron?

b) Si cada caja de estas baldosas, tiene 50 unidades. ¿Cuántas cajas deben comprar?

c) Desarrollen la solución gráficamente en la carpeta.

31. Si dos cilindros tienen la misma altura y la superficie lateral de uno es el doble de la superficie del otro, ¿qué relación hay entre los radios de sus bases?

32. Los alumnos de 6° están preparando dados para los alumnos de 1°.

a) ¿Cuántos dados podrán armar con una cartulina de 50 x 70 cm, teniendo en cuenta que cada cara del cubo mide 5 cm de lado?

b) Comparen lo que cada uno realizó. ¿Todos obtuvieron la misma respuesta?

c) ¿Por qué? Justifiquen su procedimiento.

33. Resuelvan teniendo en cuenta las equivalencias.

a) 42,127 hg – 176,46 dag – 1730,5 dg – 832,7 cg = ... g

b) 0,83 dal – $\dfrac{1}{4}$ l + 8,5 kl = ... dl

34. Completen las siguientes expresiones para que resulten equivalentes.

a) 0,125 g = 1/8 ....

b) 1/2 ml = ... cl

35. Un veneno para hormigas de una misma marca se vende en dos envases diferentes:

◈ En botellas de 1000 cm³, con la indicación de diluir 10 cm³ por litro de agua.

◈ En frascos de 250 cm³, con la indicación de diluir tres tapitas cada dos litros de agua.

◈ El frasco cuesta la tercera parte de lo que cuesta la botella. ¿Qué envase creen que es conveniente comprar? Justifiquen la respuesta.

Autoevaluación

1. Operaciones con números naturales

1. En un hipermercado, al hacer el inventario, en lugar de contar el número de bicicletas y triciclos que había en stock, contaron las ruedas y pedales de estos. Contaron 306 ruedas y 272 pedales.
¿Cuántas bicicletas y triciclos tenían?

2. Resuelvan:

a) $5 \cdot 2 - 4 : 2 + 9 \cdot 7 =$

b) $12 : 3 + 1 + 100 : 10 =$

c) $12 : (3 + 1) + 100 : 10 =$

d) $2 \cdot 6 : 4 - 3 \cdot 0 + 17 =$

e) $2 \cdot 6 : (4 - 3) \cdot 0 + 17 =$

3. Escriban un consejo o ayuda para resolver las potencias de 10 "sin hacer cuentas".

4. Expresen el número 48 como el producto de dos números naturales de todas las formas posibles.

5. ¿Cuál es el número mayor?

Diego y Sebastián hicieron una apuesta y ganará el que piense el número más grande.

Diego dice:

–Mi número tiene 1300 unidades, 12 centenas y 15 decenas.

Sebastián dice:

–Mi número tiene 40 decenas, 5 centenas y 2080 unidades.

a) ¿Quién ganó?

b) ¿Por qué?

6. a) Expresen como ecuación el siguiente enunciado y resuélvanlo:

Agustina, Ana y Candela tienen, cada una, la misma cantidad de dinero. Entre las tres tienen $ 300.

b) ¿Cuánto dinero debería darle Ana a Agustina y cuánto a Candela para que Agustina tenga $ 24 más que Ana y Candela tenga $ 6 menos que Agustina?

7. Resuelvan las ecuaciones:

a) $5 \cdot x + 17 = 122$

b) $x : 12 + 5 = 2^2 \cdot 5$

c) $\sqrt{x+4} - 12 = \sqrt{9}$

d) $(x + 12) \cdot 7 + 18 = 10^2 + 2$

2. Divisibilidad

1. Juan tiene más de 14 bolitas y menos de 25. Si las reparte entre sus dos mejores amigos en partes iguales, le sobra una; y si lo hace entre sus dos mejores amigos y sus tres hermanos, le sobran tres.

a) ¿Cuántas bolitas tiene Juan?

b) Expliquen la forma en que lo pensaron.

2. Escriban todos los múltiplos de 13 que estén comprendidos entre 100 y 200.

3. Sofía tiene que embolsar 225 caramelos en bolsitas que contengan la misma cantidad de caramelos cada una.

a) ¿De cuántas maneras diferentes puede hacerlo?

b) Desarrollen todas las formas posibles.

4. a) De los siguientes números, tachen solo los números primos.

b) Escriban qué condición tiene que cumplirse para que un número sea primo.

1970

1300

2001

78

7

5. Factoricen los siguientes números:

a) 90 =

b) 1260 =

c) 1001 =

d) 100 =

e) 8500 =

f) 2100 =

6. Hallen el m.c.m. y el d.c.m entre 1260 y 2100.

7. ¿Cuál es el número natural divisor común a todos los números naturales?

8. Si sabemos que dos números son coprimos:

a) ¿Se puede asegurar que alguno de los dos es primo?

b) ¿Por qué?

c) Justifiquen su respuesta con ejemplos.

3. Fracciones y expresiones decimales

1. Carolina, haciendo cuentas, descubrió que había gastado un cuarto de su sueldo en materiales para la facultad y dos tercios en ropa que necesitaba. Sabía que aún le quedaban $ 400 hasta cobrar nuevamente.

¿Cuánto dinero tenía Carolina antes de hacer los gastos?

2. Pablo colecciona CD de música:

- 120 son de jazz y blues.
- Los de rock son la tercera parte del total.
- Y el resto, que son de música pop y clásica, representa $\frac{2}{9}$ partes del total.

¿Cuántos CD de música tiene Pablo en su colección?

3. Resuelvan las siguientes operaciones con fracciones:

a) $\frac{8}{2} \cdot \frac{5}{3} =$
     b) $\frac{4}{3} \cdot \frac{1}{5} =$
     c) $3 \cdot \frac{4}{7} =$

4. Resuelvan gráficamente.

a) ¿Cuántos cuartos hay en dos medios?

b) ¿Cuántos décimos hay en tres quintos?

c) ¿Cuántos tercios hay en tres novenos?

5. a) Escriban seis números decimales comprendidos entre:

7,2 y 7,4 :

2,02 y 2,08 :

b) Representen los resultados en dos rectas numéricas diferentes.

6. Escriban las siguientes fracciones como números decimales:

$\frac{1}{3} =$ $\frac{2}{5} =$ $\frac{4}{7} =$ $2\frac{1}{2} =$

7. En un campamento de un club hay 480 chicos de diferentes categorías: menores, cadetes, juveniles femeninos y juveniles masculinos.
El número de chicos menores es el 50% del número de chicos cadetes y $\frac{1}{3}$ de los juveniles femeninos.

El número de juveniles femeninos es el 75% del número de los juveniles masculinos.
¿Cuántos participantes de cada categoría hay en el campamento?

4. Lectura, interpretación y construcción de gráficos y tablas

1. La siguiente tabla indica la tasa de analfabetismo para varones y mujeres de entre 10 y 14 años, según provincia y en forma porcentual del año 2001, según el INDEC.

Provincia	10 a 14 años		
	Total	Varones	Mujeres
Total	1,1	1,3	0,9
Ciudad de Buenos Aires	0,4	0,4	0,3
Buenos Aires	0,6	0,7	0,5
Catamarca	1,2	1,4	1,0
Córdoba	0,8	0,9	0,6
Corrientes	2,6	3,2	1,9
Chaco	2,6	3,1	2,1
Chubut	0,6	0,7	0,5
Entre Ríos	1,2	1,5	0,9
Formosa	1,8	1,9	1,6
Jujuy	0,8	0,9	0,7
La Pampa	0,6	0,7	0,5
La Rioja	1,3	1,5	1,0
Mendoza	0,8	0,9	0,6
Misiones	3,3	3,9	2,7
Neuquén	0,7	0,9	0,6
Río Negro	0,8	0,9	0,7
Salta	1,4	1,5	1,3
San Juan	1,2	1,4	1,0
San Luis	1,4	1,7	1,1
Santa Cruz	0,4	0,5	0,3
Santa Fe	0,8	1,0	0,7
Santiago del Estero	2,9	3,6	2,3
Tierra del Fuego, Antártida e Islas del Atlántico Sur	0,3	0,3	0,4
Tucumán	1,9	2,4	1,4

a) ¿En qué provincia es mayor el analfabetismo?

b) ¿En cuál es menor?

c) ¿Cuáles son las provincias en las que el analfabetismo femenino supera al masculino?

d) ¿Dónde es mayor el analfabetismo, en la región del Noroeste o en la región Mesopotámica?

2. En los siguientes gráficos se representa el turismo internacional de algunos países seleccionados. Observen los gráficos y respondan:

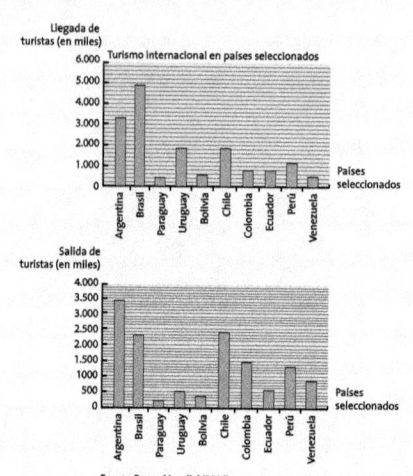

Fuente: Banco Mundial (2006).

a) ¿Cuál es el país con mayor salida de turistas? ¿Cuántos son aproximadamente?

b) ¿Cuál es el país con menor llegada de turistas? ¿Cuántos son aproximadamente?

c) ¿En qué lugar se encuentra nuestro país respecto de la salida y de la llegada de turistas?

d) Para Venezuela, ¿cuál es, aproximadamente, la diferencia entre la salida y la llegada de turistas?

e) Redacten dos preguntas más que se puedan responder interpretando los gráficos.

5. Proporcionalidad

1. Carola compró 15 docenas de rosas para vender el Día de la Prima-
vera, 9 flores se marchitaron, ¡y ya no puede venderlas!
Si pagó a razón de $ 9 la docena, ¿a cuánto debe vender cada una de
las rosas restantes si quiere obtener una ganancia de $ 121,50?

2. Completen las siguientes tablas para que sean de proporcionalidad
directa.

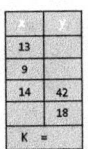

x	y
13	
9	
14	42
	18
K =	

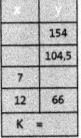

x	y
	154
	104,5
7	
12	66
K =	

3. Completen las siguientes tablas para que sean de proporcionalidad
inversa.

x	y
	8
14	16
7	
4	
K =	

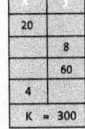

x	y
20	
	8
	60
4	
K = 300	

4. En el almacén de José venden 250 gramos de salame a $ 4,80. En el almacén de Antonio, los 100 gramos del mismo tipo de salame cuestan $ 1,90. ¿En cuál de los negocios es más barato el salame? Justifiquen la respuesta.

5. Completen las siguientes tablas:

Cantidad de pintura (en litros)	4	8	20		1	
Superficie pintada (en metros cuadrados)	50			15		1

Combustible consumido (en litros)	5	25		1		12,5
Distancia recorrida (en kilómetros)	50		6		1	

6. En un supermercado hay un cartel en la góndola de limpieza que dice: " $\frac{1}{2}$ kilo de jabón en polvo $ 5"; y promocionan la siguiente oferta en grandes carteles:

¡200 GRAMOS DE JABÓN EN POLVO $ 2!

¿Es realmente una oferta?

7. Gustavo debe hacer un viaje y sabe que, conduciendo a una velocidad constante de 120 km/h, tardará 9 horas en llegar a destino. Pero tardó 13 horas y media, y no se detuvo.

¿A qué velocidad constante debió marchar?

¿Cuántos km recorrió?

6. Estadística y probabilidad

1. a) Si lanzamos un dado al aire, ¿cuál es la probabilidad de que salga 5?

b) Si lanzamos dos dados, ¿cuál es la probabilidad de que en ambos salga 5?

c) ¿Y cuál es la probabilidad de que, al lanzar tres dados, en los tres salga 5?

2. Una clave de seguridad tiene dos letras (a;b) y dos números (1;2). Si no es posible repetir ningún valor:

a) ¿Cuántas son las claves posibles?

b) Si se quiere adivinar la clave, ¿cuál es la probabilidad de lograrlo en el primer intento?

3. Una familia integrada por padre, madre y tres hijos viaja en un micro de larga distancia. Les asignan 5 asientos numerados correlativos y cada uno de ellos elige un boleto al azar.

a) ¿Cuál es la probabilidad de que el matrimonio quede sentado junto?

b) ¿Cuál es la probabilidad de que el padre se siente solo?

4. Los datos de la siguiente tabla indican las notas obtenidas por un grupo de alumnos en una evaluación de Matemática.

X: notas	f	fr	fp	X . f
1	2			
2	3			
3	1			
4	3			
5	6			
6	8			
7	4			
8	7			
9	4			
10	2			
TOTAL				

a) Indiquen la moda.
b) Calculen el promedio.
c) Indiquen la mediana.
d) Realicen el gráfico de barras correspondiente.

5. Se va a realizar una rifa con los números del 1 al 100. ¿Qué es más probable que ocurra? Que el número sorteado sea:
a) Un número múltiplo de 6.
b) Un número primo.
c) Un número múltiplo de 5.
d) Un número cuya raíz cuadrada es exacta.

7. Lugar geométrico

1. Calculen el valor de x y luego todos los ángulos desconocidos de la figura:

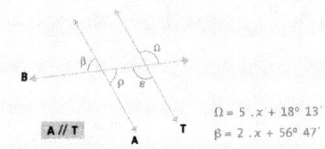

$\Omega = 5 \cdot x + 18° \ 13'$

$\beta = 2 \cdot x + 56° \ 47'$

2. Completen con el valor necesario para obtener la igualdad:

31° 28' + ⬚ = 56° 18' 32"

18° 57' 6" - ⬚ = 14° 43' 3"

3 . (17° 12' 32") + ⬚ = 79° 38' 3"

29° 16' 44" + 2 . ⬚ = 90°

3. Completen el siguiente cuadro:

	Complemento	Suplemento	Bisectriz
12° 15' 36"			
	37° 46' 24"		
			12° 35' 15"

4. Dibujen la bisectriz de los ángulos agudos de cada figura:

a)

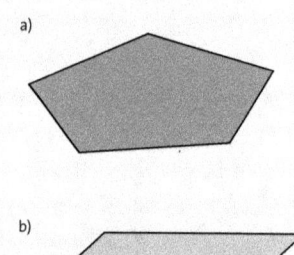

b)

5. Calculen los valores de los ángulos indicados:

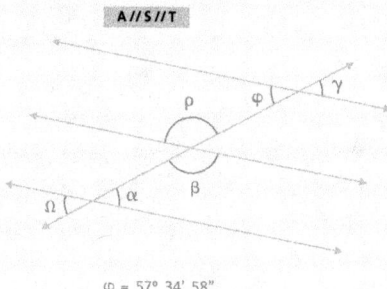

$\varphi = 57°\ 34'\ 58''$

8. Cuerpos

1. Observen el siguiente desarrollo y constrúyanlo.

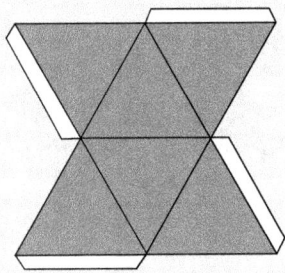

Respondan:

a) ¿Se puede armar el poliedro?

b) ¿Es un poliedro regular? ¿Por qué?

c) ¿Cuántas caras, vértices y aristas tiene?

d) ¿Cumple con la relación de Euler?

2. Una hormiga recorre todas las aristas del cubo rojo, y otra, todas las aristas del cubo azul. Teniendo en cuenta los datos:

a) Indiquen cuántos centímetros recorre cada una. ¿Qué relación hay entre los valores obtenidos?

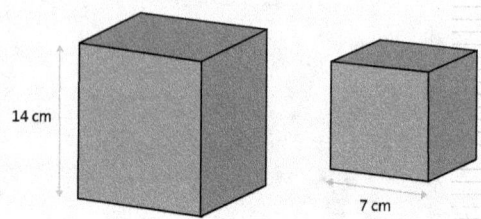

14 cm

7 cm

b) ¿Cuántos cuadrados de 1 cm de lado se necesitan para cubrir una cara del cubo rojo? ¿Y para cubrir todas sus caras?

c) ¿Cuántos cuadrados de 1 cm de lado se necesitan para cubrir todas las caras del cubo azul?

d) ¿Qué relación encuentran entre la cantidad de cuadrados que se necesitan para cubrir el cubo rojo y los necesarios para cubrir el cubo azul?

e) ¿Cuántos cubos de 1 cm de arista se necesitan para llenar el cubo rojo? ¿Y para llenar el cubo azul?

f) ¿Qué relación existe entre estos dos últimos valores obtenidos?

9. Figuras geométricas

1. ABCD es rectángulo, con $\overline{AB}$ = 16 cm y $\overline{AD}$ = $\frac{3}{4}$ $\overline{DC}$. Si E y F son puntos medios de $\overline{DC}$ y $\overline{AD}$ respectivamente, calculen la longitud del contorno del polígono ABCEF.

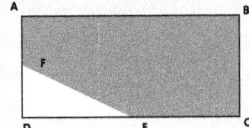

2. Calculen el valor de x, y el de los ángulos indicados.

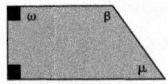

β = 3 . x + 15° 52' 37"

μ = x + 6° 7' 23"

ω =

3. Calculen el valor de los ángulos incógnitas.

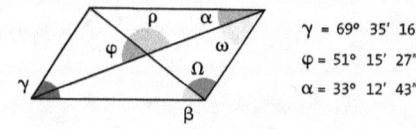

$\gamma = 69°\ 35'\ 16''$

$\varphi = 51°\ 15'\ 27''$

$\alpha = 33°\ 12'\ 43''$

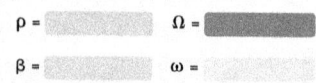

4. Calculen la medida de la diagonal de un cuadrado de 9 cm de lado.

5. ¿Cuánto mide el lado de un triángulo equilátero si su altura es de 6 cm?

6. Si a un hexágono regular se le trazan todas sus diagonales, quedan formadas algunas figuras, encuentren al menos dos de cada una de las nombradas:

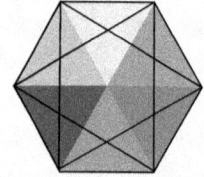

Rombos
Triángulos equiláteros
Triángulos isósceles
Trapecios isósceles
Triángulos escalenos
Hexágonos
Rectángulos

10. Magnitudes: perímetro, área y volumen

1. ¿Cuál es el área y el volumen de los siguientes cuerpos?

a)

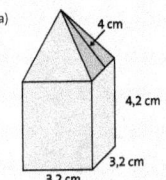

b)

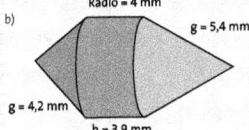

2. A una pileta de 15.000 litros de capacidad, se tira un bloque de cemento de 237.800 cm³ de volumen. ¿Cuántos litros de agua se desbordaron si la pileta estaba llena hasta el borde?

3. Sobre un cilindro de 50 cm de diámetro y 45 cm de altura, se apoya una semiesfera del mismo diámetro que el del cilindro. ¿Cuál es el volumen del cuerpo que forman?

4. Si en un recipiente de 35.600 dm³ que está ocupado en el 32% de su capacidad, se echan 4,56 kl y luego el equivalente a 8,9 m³ ¿cuántos litros le faltan para llenarse?

5. Con 100 m de alambre queremos cercar un terreno rectangular. ¿Cuál de las siguientes dimensiones nos proporciona la mayor área encerrada?

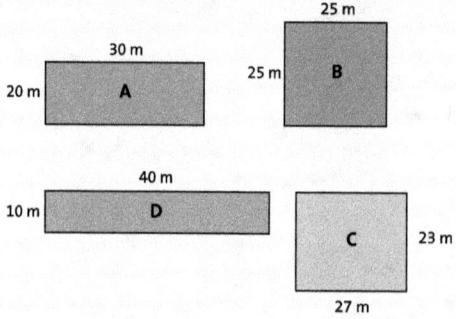